航空心理学概论

主编 蒋浩 李秀易
副主编 孟豫 陈曦 彭姓 张雪 朱琪

U0378341

清华大学出版社
北京

内 容 简 介

　　航空心理学是研究与航空活动密切相关人员的心理现象和行为规律的科学。本书共 6 章。第 1 章介绍了航空心理学的基本概念和发展历史，随后各章涉及航空心理学各个领域的理论研究和实际应用，包括人员心理选拔、航空生理、注意与警觉、空间定向障碍、人机工效和心理健康维护等内容。本书不仅详述了相关领域的国内外研究进展，还介绍了脑成像等前沿技术在航空理论研究和实践中的运用。

　　本书可供航空心理学、人的因素、航空安全等领域的专家学者和从业人员阅读和参考，也适合相关专业的本科生、研究生参阅。

图书在版编目（CIP）数据

航空心理学概论 / 蒋浩，李秀易主编.— 北京：清华大学出版社，2022.10
ISBN 978-7-302-61819-5

Ⅰ.①航… Ⅱ.①蒋…②李… Ⅲ.①航空心理学 – 概论 Ⅳ.① V321.3

中国版本图书馆 CIP 数据核字 (2022) 第 167980 号

责任编辑：王　欣
封面设计：常雪影
责任校对：赵丽敏
责任印制：刘海龙

出版发行：清华大学出版社
　　　网　　　址：http://www.tup.com.cn，http://www.wqbook.com
　　　地　　　址：北京清华大学学研大厦 A 座　　邮　　编：100084
　　　社 总 机：010-83470000　　　　　　　　邮　　购：010-62786544
　　　投稿与读者服务：010-62776969，c-service@tup.tsinghua.edu.cn
　　　质量反馈：010-62772015，zhiliang@tup.tsinghua.edu.cn
印 装 者：三河市龙大印装有限公司
经　　销：全国新华书店
开　　本：185mm×260mm　　印　　张：10.25　　字　　数：189 千字
版　　次：2022 年 10 月第 1 版　　　　　　印　　次：2022 年 10 月第 1 次印刷
定　　价：58.00 元

产品编号：093695-01

序

十多年前，由于学科建设的需要，我从理论心理学转向应用心理学，偶然间进入到了交通心理学领域。多年的教学和科研，使我越来越认识到交通心理学不但有重要的社会价值，而且有广阔的科学研究天地。

交通是人类实践本性的现实表达，是人类实践能力发展的外化标志。人类交通工具的改进，交通体系的完善，交通文明的进步，直接推进了社会发展。要致富先修路，成为当代我国人民追求幸福生活的坚定理念，也深刻地揭示了交通与社会生活的内在关系。交通工具的发展表征了人类空间移动能力的提升。陆地交通从畜力车，到蒸汽机车、内燃机车、电气机车，再到新能源动力车；水上交通从独木舟、风帆船，到万吨巨轮；最后，人类克服了地心引力，一冲而跃，翱翔蓝天。航空是人类最具魅力的交通方式，当然，也是最有前景的相关科学研究领域。

2021年，我在成都见到了一批既具有极高学术素养，又富有青春才华的航空心理学工作者。他们锐意进取，坦言要编撰一本航空心理学专著来展现他们的学术实力。2022年，一部《航空心理学概论》的书稿摆在我面前，兑现了他们的诺言。而当我读过书稿后，强烈地感受到它的鲜明特色。

一曰，立意新颖。《航空心理学概论》一扫以往学术著作的叙事八股，布局谋篇舍小求大，突出优势。作者聚焦航空心理学热点课题，反映航空心理学研究的重大关切，在进展上下足功夫。新方法、新研究、新理论、新技术，直接把读者引领到航空心理学的研究前沿。

二曰，直面现实。《航空心理学概论》关注航空交通实际，以问题为驱动力，紧紧围绕飞行员的选拔、疲劳、注意、空间定向、人机交互、心理健康等亟需解答的实践课题，深入分析内在机制，陈述制约因素，指明解决路径，提供解决办法。强调理论与实践的联系，看重《航空心理学概论》的实效性。

　　三曰，学养极高。《航空心理学概论》的每一部分作者都是这一领域的专家。他们有的来自飞行一线，功勋卓著；有的出身名校，师承大家。在多年的教学和科研中，他们发表了大量的高水平学术论文，获得了众多奖项和荣誉称号。丰厚的学术积淀使得他们在撰写相关部分时得心应手，游刃有余，淋漓展现了他们的学术造诣。

　　我是航空心理学研究的外行，《航空心理学概论》的作者出于礼貌邀我写几句话，也正是有着共同的学术志趣，我便欣然写下读过《航空心理学概论》的所思所感。一个外行说的话不免有时会文不对题，浅尝辄止，挂一漏万。有说的不对的地方还请《航空心理学概论》的作者们包容。我是真心希望你们在航空心理学领域有更大的作为，助力我国航空事业的发展。谨此。

常若松

辽宁师范大学心理学院教授

博士生导师

2022 年 3 月　于大连

前言

航空业历来非常重视安全，当前的航空安全水平主要受制于人的因素：统计表明，由人的因素（人因）导致的航空事故占比超过 70%。航空人因关注的焦点在于"人"，它是一门由多个学科组成的综合性学科，其中航空心理学占到了很大的比重。因此，只有充分认识和理解关于人的知识，并将这些知识应用到人员选拔、培训、航空器设计制造等航空实践中，才能进一步降低人因事故占比，提升航空安全。正是出于这个目的，本书编写组依托数十年的教学科研积累，详细查阅国内外相关研究资料，就航空心理学里的几个重要课题展开论述，以期促进航空从业人员对航空心理学的认识。

本书共有 7 章，第 1 章介绍了航空心理学的基本概念和发展历史，随后的各章分别阐述了心理选拔、航空生理、注意与告警、空间定向障碍、人机工效和心理健康等内容。在各章编写时，注重理论研究与航空实践相结合、历史研究与未来展望相结合，不仅详述了国内外的研究进展，还提出了编者的思考，特别是以往研究的不足之处。此外，也花了大量篇幅介绍新技术在航空理论研究和实践中的运用，如脑成像技术等。

本书可供航空心理学、人的因素、航空安全等领域的专家学者阅读和参考，也适合心理学、工效学等相关专业的大学生、研究生参阅。

本书的编写和出版，受到了民航局项目"飞行技术专业政校企多方协同育人模式改革与实践（项目编号：MHJY2022007）""中飞院'双万计划'一流本科专业点建设（项目编号：MHJY2022021）"及自科基金委重点项目"基于循证原则的中国民航运输航空飞行员核心胜任能力理论体系与评估技术研究（项目编号：0062113）"的资助。

本书由中国民用航空飞行学院航空心理学教研室长期从事航空人因教学与研究的几名教师共同执笔完成。全书分工如下：第 1 章由全体编者共同完成，第 2 章由孟豫编写，第 3 章由陈曦编写，第 4 章由彭姓编写，第 5 章由张雪编写，第 6 章由蒋浩编写，第 7 章由

朱琪编写；全书由蒋浩统稿。在本书编写过程中，中国民用航空飞行学院罗晓利教授提供了大量的资料，并对第 7 章的内容撰写进行了指导，在此表示衷心感谢。另外需说明一下，本书的参考文献编排采用了美国心理学会（American Psychological Association，APA）格式。

在本书的出版过程中，清华大学出版社的王欣编辑和出版人员付出了大量辛勤工作，在此我们表示诚挚的谢意。

由于编者的能力水平有限，书中难免有疏漏之处，恳请同行专家学者和广大读者不吝赐教，批评指正。

编者

2022 年 3 月

目录

航空心理学概论

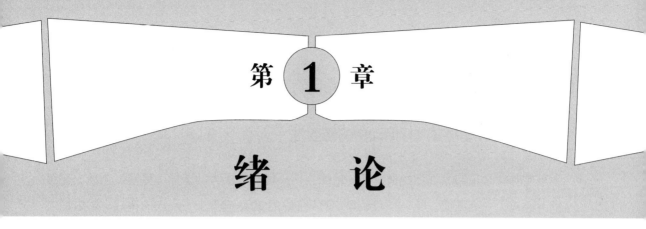

第 1 章

绪 论

1.1 航空心理学的定义和研究范围

1.1.1 航空心理学的定义和研究对象

航空是指载人或不载人的飞行器在地球大气层中的航行活动。广义的航空心理学（aviation psychology）是指研究所有与航空活动密切相关的人员心理现象和行为规律的科学，这些人员首先包括与飞行员产生最多交互的机组成员，其次包括乘务、机务、安保、空管、签派等其他人员，还包括但不限于在训飞行员（飞行学员）、地服人员、乘客、合格证持有人（通常指航空公司）、飞机设计工程师等。狭义的航空心理学特指研究航空活动中的飞行人员心理现象和行为规律的科学。

航空心理学是心理学与其他有关学科交叉形成的一门应用综合性学科，包括认知心理学、工程心理学、工业与组织心理学、人机工效学、临床医学等学科在航空领域的具体应用。航空心理学以提升航空运输的安全性为根本目标，研究飞行人员在飞行活动中的心理和行为特征，提高飞行活动效率，充分发挥飞行器的技术性能，维护与促进飞行人员心理健康，以顺利完成各项飞行任务。从学科分类来说，它既是航空航天医学的一个重要组成部分，又是心理科学的一个分支。

航空心理学研究的对象是航空活动中的飞行人员，具体来说，是这些人员在航空活动中的心理现象和行为规律。从理想状态来说，这些飞行人员应该具备稳定完成飞行任务的能力，并在条件发生变化时，具备处置各种事故和紧急事件的能力。但这些能力不是天然的，需要进行干预，从职业入口来说，需要进行人员选拔；从飞行器来说，需要提升人机交互的协调性；从机组搭配来说，需要进行人员沟通、协作及决策能力等的训练；从终生

1

职业发展来说，需要从监管当局到具体组织部门对其身心健康进行有效的维护和促进。

1.1.2　航空心理学在飞行活动中的重要性

航空作业环境与人类已经适应了的地面生活环境有着极大的差异，低温、低压、三维空间复杂应力、高载荷、噪声、震动等，对我们的生理适应带来了巨大的挑战，随之而来的人类心理活动也相应受到影响，如空间认知、情绪状态、决策行为、人际交往等；而随着现代飞行器的不断发展，飞行过程中人-机-环境-组织之间的矛盾也越来越突出。相对快速发展的飞行器而言，人的生理和心理活动的进步极其有限，作为航空活动中的关键环节，其弱点也在不断被放大。近些年的统计数据表明，由"人"这个关键要素直接引发的空难和严重事故征候的比例已经超过了70%，因此，研究飞行中人的生理和心理活动的问题，如何提升飞行安全，是航空事业发展的一大痛点，也是一个巨大的难题。近年来，无人机的大规模应用，以及由美国及欧洲开始兴起的"单人制座舱"甚至是"无人座舱"的概念，也对人在飞行活动中的核心地位发起了挑战，使得航空心理学的研究领域得到了进一步拓展。

1.1.3　航空心理学的主要研究内容

随着航空技术和覆盖领域的不断扩大，心理学及其相关学科的不断进步，加之航空活动对社会影响不断加深，大量的理论研究成果被应用到飞行实践当中。目前，航空心理学的主要研究内容有以下几个方面。

1. 职业胜任性

从一开始，飞行活动就面临飞行训练淘汰率的问题，较高的淘汰率增加了飞行训练成本，而降低淘汰率的一个重要方法就是进行职业胜任性选拔。长期的飞行实践表明，有些人更适合飞行，适合飞行的人除了必须具备的体格条件外，还应该拥有良好的心理运动技能、认知加工能力和与飞行活动相匹配的人格特征。因此，必须选拔更适合飞行的人进入职业飞行员队伍，这是个体整个职业生涯的入口。因此，职业胜任性的相关研究是航空心理学的重要部分。

最早研究飞行人员的能力、人格特征以及职业胜任性选拔是从20世纪初开始的，"一战""二战"期间，军事飞行人员的心理选拔有了较为迅速的发展，"二战"后，民航飞行员心理选拔逐步从军事人员心理选拔中独立，自成体系，20 世纪 80 年代后，基于计算机系统的应用逐渐普及，能力倾向测验、认知测验、心理运动和个性测试综合成一体，提高了测验的效度。随着近年来驾驶舱自动化水平的提高，人 - 机接口的改变，人 - 机功能划分的重构，飞行员的职业胜任力出现了新的要求，必然给飞行人员的心理选拔工作带来新的课题。

　　飞行人员的选拔从早期单纯的人员体格标准，到医学检查，再到加入心理选拔程序，近年来，职业胜任的提法逐渐被接受，其内容也有相应的拓展，但总的来说，各民航大国、民航组织，甚至各大型航空公司对于飞行员职业胜任性的内容和测定标准还存在一定的差异，并未形成一致标准。

　　2. 人机工效

　　飞机驾驶舱设计中的人机工效问题是指秉持"以人为中心"的设计理念，以人 - 机器 - 环境 - 组织为研究对象，将心理学、生理学、生物力学等有关学科的知识应用于系统设计，以提高整个系统的安全性和工作效率（见图 1.1）。人机工效问题是航空心理学的研究重点，涉及驾驶舱的功能和布局、操纵和显示、告警和应急处置等系统，主要应满足 3 方面的要求：一是工作效率，操纵者在感知信息和做出反应上应省力和不易出错；二是安全，操纵者不

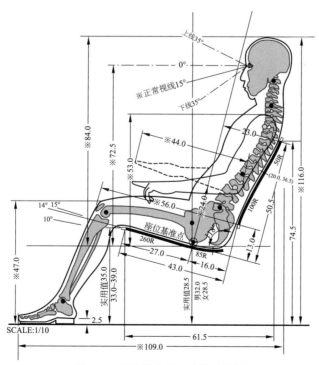

图 1.1　驾驶舱人机工效设计图示

会受到伤害；三是舒适、易操作。目前，航空心理学已经对航空仪表的显示方式，表盘的各种成分，仪表排列位置，仪表的小型化、综合化，以及操纵用的开关按钮，手柄的颜色、形状，操纵方式等，做过大量试验研究，并已经将研究成果用于新型飞机的设计、制造（钮松，2013）。

近年来，随着科技的发展，民用飞机的智能化、自动化和舒适性的要求不断提升，民用飞机驾驶员与设备仪表之间的关系也在不断发生变化。原来很多需要飞行员手动操纵的设备，现在实现了编程自动化运行；原来需要飞行员自己计算的数据，现在由飞行计算机动态提供；座舱内仪表设备的功能更加完善，功能模块化逐渐成为主流。随着这些技术的进步，机械故障所直接引发的飞行事故占比下降，人的差错所导致的飞行事故成为主要因素，因此，民机及其驾驶舱的设计越来越需要考虑适应人的特性，尽量减少人的操作过程、信息读取、控制输入、信息沟通等方面的差错。

3. 飞行员空间定向

在飞行初期就已发现，飞行时若天气晴朗，能见度好，天地线清晰，地面有明显的地标、地物可供定向，飞行员就可以很好地进行空间定向。一旦天气变坏，空间参照模糊，飞行员就会很快失去目视空间定向能力。航空业界使用各类航行仪表，如地平仪、姿态仪等，用以指示飞机的飞行状态、飞行方向、飞行速度和飞行高度等，帮助飞行员进行飞行空间定向，从而实现全天候飞行。

空间定向能力是指人对自己在空间的姿态、位置和运动的判断及认识能力。飞行空间定向障碍（spatial disorientation in flight）亦称"飞行错觉""失定向"，是指飞行中飞行员对自身和飞机的状态、位置、方向、运动及飞行环境的不正确知觉。空间定向障碍是威胁飞行安全的一个重大问题，据报道，几乎所有的飞行人员在其飞行活动中都不同程度地体验过飞行空间定向障碍，由此引发的事故占比在20%以上（见图1.2）。各国的心理学学者对空间定向做了大量的深入研究，他们得出的结论是：人类的空间定向是大脑对人体相对于地面位置和运动的知觉，这种知觉是由各感觉通道传入的空间信息通过加工、处理形成的，它的作用是使人的机体与环境保持平衡，能够使人在动态、连续变化的环境里，于意识中真实反映出自身的空间状态和空间位置。飞行空间定向障碍的生理机理一直是世界各国学者较为困惑的问题，而且这个问题一直尚未完全解决。在长期的研究中，学者们达成了一个共识，认为：飞行中空间定向能力出现障碍，其本质是由于飞行员在三维空间运动环境中心理和生理上的不足所致，主要源于在视觉参考不良甚至失去视觉参考的条件下，

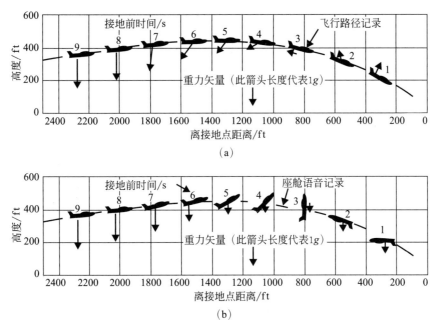

图 1.2　空间定向障碍引发的空难图示

（a）飞行高度及路径记录；（b）错觉状态下的感受

飞行中仪表视觉失去主导作用，经各感觉通道传入的错误空间信息或中枢对空间信息处理、整合错误，在空间知觉形成中起主导作用，是飞行中飞行员空间定向发生障碍的基本机制。

4. 应激

应激（stress）是指机体在各种内外环境因素及社会、心理因素刺激时所出现的全身性非特异性适应反应，又称为应激反应。应激的最直接表现是精神紧张。在航空心理学中，心理应激是一个重大课题。飞行中的应激源对飞行员的影响，远远超越了一般工作中应激源对其工作人员的影响，特别是军事飞行更为突出。在飞行人员、飞机、环境和飞行任务构成的这个闭环信息交换系统中，飞行人员处于关键地位，起主导作用。他们不仅要掌握飞行操作，还要及时处置各类特情，在条件发生变化时，还需要及时调整处置措施，从而保证飞行安全，发挥飞行器的最大效能。因此，无论是平时训练还是在实际飞行中，这种工作性质都会给飞行人员带来强烈的心理应激和生理应激，这也对航空心理学的研究和实践提出了较高的要求。一般认为，应激管理是个体在应激事件中，对该事件做出认知评价后，为解决或消除该事件所采取的有目的、有意识的措施。飞行实践表明，对飞行应激事件的应对方式是可以训练和学习的，也是有效的。因此，研究飞行员对空中应激的应对方

式特点，纠正错误的、训练学习正确的应激管理方式是必要的。

飞行人员在工作、学习和生活中，会遇到各种生活事件。有的生活事件会使飞行人员产生相当强烈的应激反应，进而不利于飞行活动的顺利开展。在遇到突如其来的紧急事件，如严重机械故障、劫炸机或者重大公共安全事件（如非典、新冠疫情等）时，飞行员都会产生严重的应激反应。因此，各部门需要协同做好心理卫生工作，培养健全的人格，以维护飞行人员的心理健康，防止心理失常和心身疾病的发生。

5. 心理健康维护

随着航空器可靠性和飞机自动化程度的不断提高，飞行员的体力负荷逐渐减少，但面临的心理负荷和压力却有增大的趋势。飞行员从事着高技术、高难度和高风险的飞行任务，经常暴露在高应激作业条件下，承受着巨大的压力；在我国民航业快速发展的背景下，飞行员的工作任务与安全责任压力越来越重，加上驾驶舱空间狭小，压抑的工作环境、持续的高应激状态和昼夜节律的扰乱等都极易引发飞行员的心理健康问题；社会经济变革的日新月异，使飞行员在价值观念、思维方式、生活方式和生活态度等方面都发生了深刻变化，引发婚姻、家庭和人际关系等的日益复杂化，有可能导致飞行员价值观、职业观等的缺失和错位；而飞行员面临的转机型、晋升的竞争、技术停飞等职业生涯发展问题，容易使其产生焦虑、困扰、情绪懈怠等心理问题。

因此，Roberts 等人（1999）曾指出，预防和减少飞行事故发生的重要环节是及时发现那些情绪不稳定的飞行员，并给予必要和及时的心理干预，以保证飞行驾驶作业的有效性和安全性，因为飞行员情绪不良会严重影响其任务绩效。从心理健康角度分析，严重的心理障碍会显著降低飞行作业的安全绩效，美、日的研究报告中已经指出，飞行员的心理健康问题会严重影响飞行安全，21 世纪以来，因飞行员自杀而造成的空难已有近 10 起，这从一个侧面警示了飞行员心理健康的重要性。此外，物质依赖和成瘾也是飞行员心理健康中非常突出的问题（Sloan & Cooper，1986）。由此可见，开展飞行员情绪及心理健康与驾驶安全行为关系的研究，建立相应的情绪与心理健康状况的诊断及处置方法，是当前航空心理学研究者所面临的一个十分紧迫且艰巨的任务。

1.1.4　航空心理学的研究原则

开展航空心理学研究，遵循的一般性原则主要有以下几点。

（1）客观性与科学性原则。研究者对客观事实采取实事求是的态度，不主观臆断，以航空活动的具体实施和运营现实为研究基础，采用科学的研究方法反映航空活动的特点，在一定科学理论的指导下探究事物的原则。

（2）理论与现实相结合的原则。要求研究者必须认识到理论知识与实践活动的相互作用，认识到航空心理学是一门应用型学科，其研究的范围和对象是航空活动中的人、事、物，其研究结果的正确与否需要在具体的航空活动中进行检验，研究成果需要为具体的航空活动服务。

（3）发展性原则。由于成为职业飞行员的过程艰辛且漫长，飞行人员的心理始终处于不断的发展和变化之中。因此，需要从发展的角度看待飞行人员的心理状态变化，比如心理状态的认定，不能仅凭一次检查及格就进行判定，除必须分析其过去经历之外，还应在不同的事件间隔中，进行多次检测，从而进行较为全面的判定。

（4）系统性原则。人的心理是一个多层次的、开放的、动态的复杂系统。心理状态与心理过程相互作用、相互调节，它同人的躯体、外部世界和人的外部活动密切相关。航空活动本身也是一个巨大的系统，需要把人放在这个巨大系统中，从事物相互联系、相互作用和航空人员的能动性角度去考察他们的心理，揭示其心理活动规律、工作效率和个体差异的本质。系统性原则也要求，在航空心理学的研究过程中要有整体观点和层次结构观点，必须从心理活动的各个层次和各个因素的相互作用中获得系统的认识。

1.2　航空心理学的发展简史

1.2.1　国外航空心理学发展

谈及航空心理学的历史起源，就要追溯至第一次世界大战期间各个国家关于飞行员的心理选拔。本节将从第一次世界大战开始，简要回顾国外以及国内航空心理学的发展历史。

1. 第一次世界大战

随着 20 世纪初航空产业的兴起，医学、心理学、生理学等领域的专业研究人员，开始关注飞行员能力以及环境对飞行员的影响等问题。第一次世界大战期间，研究者开始将研究重点从飞行员生理指标方面转移到改善设备性能以及飞行员选择和培训上，由此催生了航空心理学学科的诞生，这一时期被认为是航空心理学的开端（刘乃杰，1990）。研究者对国外几个重要国家在此期间航空心理学的发展情况进行了如下的总结（Koonce，

1986）。

德国　德国在 1915 年建立了世界上第一个武装部队心理测试中心，其目的是为德国选拔合适的汽车驾驶员。第一次世界大战期间，该测试在德国被用来选拔飞行员、声呐探测员和高射炮手等。随后，该中心开始关注飞机设备性能，例如对飞机控制器和显示器的研究，以及航空环境对飞行员的影响，包括飞行高度、重力、噪声、温度以及其他应激源对飞行员的影响。

美国　在"一战"初期，美国心理学会（APA）设立了航空心理问题委员会，1918年 11 月，该委员会成为了美国国家研究协会下属的一个小组。两名早期成员 W. R. Miles（第 40 届 APA 主席）和 L. T. Troland 致力于开发心理和生理测试，以确定人们的飞行能力。在第一次世界大战期间，美国进行了许多研究，涉及飞行员的选拔以及压力对飞行员的影响。1917 年夏，John B. Watson 少校被上级指派制定人员选拔方法，他召集了一批心理学家，与医疗官员和生理学家共同研究航空问题。1917 年 10 月，美国军事部门委托医学研究会对飞行中影响飞行员的医学和身体因素进行研究。Knight Dunlap（第 31 任 APA 主席）在医学研究实验室心理科进行一系列心理测试，包括如何预测航空预备人员应付高空飞行的能力。Bagby（1921）报告说，他们使用亨德森呼吸器来模拟高空飞行，进行了一系列的感觉运动操作、记忆和注意力测试，后来发展成为航校学员的标准化测验。1917 年 4 月，美国航空部只有 52 名训练有素的飞行员，到"一战"结束时，美国在前线共有 740 架战斗机和近 1400 名飞行员。

意大利　意大利在培训飞行员方面进行了一系列研究，其中一项工作是在初期研究比较了优秀、平庸、低水平的飞行员的表现，得出的结论是优秀的飞行员具有良好的注意分配、注意广度，其心理活动的恒定性、精确性和协调能力良好，具有足够的情绪反应抑制能力，能使上述机能不受情绪刺激的干扰。此外，还进行了反应时、注意、情绪稳定性、肌肉感觉、肌肉知觉和平衡感等方面的研究。其中，贝雷尼转椅测验、旋转眩晕测验和倾斜测验用于考察航空预备人员的平衡感。在测验中，被试者需要确定自己的方位并要忍受强烈的眩晕之苦。除此之外，意大利对前线执勤中神经衰弱的飞行员进行了研究，发现他们的视觉反应时间比其他飞行员长，但是他们的听觉反应时间比其他飞行员更快。在情绪反应的研究中使用手枪射击、汽车喇叭或者爆竹作为情绪刺激，观察飞行员的血液循环、呼吸频率和手部震颤。总体而言，意大利倾向于建立申请人的整体概况。

法国　法国强调反应时和情绪稳定性。他们对情绪稳定性的研究使用了一个与意大利类似的测验。但是，法国将反应时和情绪稳定性的测验结果综合起来分析，并鉴别出五类航空预备人员。其中两类属淘汰之列：一类是其反应时偏离正常值太大，情绪反应过于强烈；另一类是反应时起伏不定，但情绪反应并不过激。

英国　英国的研究人员很少关注反应时和对情绪刺激的反应。相反，他们关注高空飞行和简单的运动协调测验的效果。大部分实验设计用于收集生理数据，比如脉搏、血压、呼吸的力度和频率等，他们会使用一些压力计。协调性测试则包括用脚跟到脚趾的方式行走、单脚转身、单脚站立 15 s，睁眼行走或闭眼行走，以及测试手和舌头的震颤。研究发现，震颤的出现与飞行能力有很大的关系。

2. 两次世界大战期间

在第一次世界大战接近尾声和停战以后，驻扎于欧洲的美国远征军的医学研究实验室中的官员对飞行员进行了许多实验，以确定那些成功飞行员的个人特征。Dockeray（1921）通过训练、执行任务等现场研究方法对成功飞行员的人格进行了探讨。他的结论是，飞行员最重要的是能够具有快速适应新情景的能力和良好的判断力。随着美国航空业的发展，飞机飞行高度和速度的纪录不断被刷新。此时，航空心理研究也转向了飞行高度对人的影响上。

第一次世界大战后不久，德国开始重建其军事力量。1920 年，德国战时内阁发布命令，要求发展军事心理学，到 20 世纪 20 年代末，相继成立了心理测验系统和完善的选拔程序，截至 1927 年，所有接受军官培训的候选人都进行了心理检查。德国心理研究所的主任 Paul Metz 于 1939 年在陆军心理选拔系统的基础上着手开发了德国空军招飞心理选拔系统，1942 年开始正式使用。具体招飞工作在各地招飞站进行，由人事军官和医生共同实施。通过纸笔测验、体能测验、面试和个人资料分析等方法来考察候选者的技能、人格、智力和一般素质。其中，面试和个人资料分析结果是最重要的。

3. 第二次世界大战及战后情况

1939 年，美国国家航空心理学研究委员会成立，该委员会支持并极大地推动了航空心理学领域的研究。1945 年 5 月，美国 Wright 基地航空医学实验室的心理学组，在 Paul Fitts 的领导下，开始了战时人的因素的研究工作，包括飞行失误方面的研究，例如飞行员的眼球扫视行为、飞行操作中的人机因素等。其研究领域甚至超越了航空心理学范畴，包括人机配备、评价人操作特性的方法等。因此 Paul Fitts 不仅被认为是航空心理学的创始人之一，而且也被认为是整个现代人因学的创始人。

第二次世界大战期间，英国剑桥大学应用心理学系、德国慕尼黑的航空科学研究所对飞机设备与心理的关系做了大量研究。美国实施了一项陆军航空队航空心理学研究方案，有 150 多位心理学家参与这项研究，有 1400 多位拥有心理学背景知识的人成为辅助工作人员。这项研究获得了极大的成功。在战争结束的时候，这项研究能以相当高的准确率选取飞行员，并确保他们成功地完成任务。这项研究的内容并不局限于飞行员的选拔与分类，也包括飞行员训练，以及研究在特定装备条件下的人为因素。上述成果在 1947 年被完整地记录在一套 19 卷的航空心理学丛书中，后来这些书被称为"蓝皮丛书"（blue books）。在蓝皮书的第一卷中，作者 John Flanagan 给出了整个美国陆军空军航空心理学计划的概述。其他部分则由其他从事航空心理学的专家编撰。该书第四卷中由 Arthur Melton 所编撰的《仪器测试》（apparatus test），第八卷中由 Nel Miller 所编撰的《飞行员训练的心理学研究》（psychological research on pilots training）被认为是航空心理学领域的重要研究成果。第 19 卷中由 Paul Fitts 编撰的《装备设计心理学研究》（psychological research on equipment design）被认为是人因工效学的第一本重要出版物。

"二战"期间，航空心理学家的研究强调操作者的选拔和训练，包括飞行员、领航员、投弹手，以及这些人与正在开发设备之间的相互影响。还有少量研究关注疲劳、警觉、目标检测、高 G 加速度、防护服、极端海拔和温度下的特殊装备，其中最著名的实验是在哈佛大学所进行的高空通话言语理解研究。应该指出的是，航空心理学的研究并不局限于美国陆军航空队，海军也有许多同样的研究。此外，这一时期，航空心理学家进行了一些心理运动测验，陆军 α 测试和个人传记分析方面的研究。

第二次世界大战结束后，航空心理学发展迅猛。Gordon（1949）研究了当时的民航飞行员心理选拔方法的效度，结果发现有七项指标不能有效区分合格飞行员和不合格飞行员，因此他建议应该开发新的心理选拔工具和更客观的飞行员技能评价方法。McFarland（1953）总结了航空心理学及航空中人的因素的几乎所有方面，以及航空医学、生理学和工效学设计问题。

"二战"后，Arthur W.Melton 和 Charles W. Bray 成立了空军人力和训练研究中心（Air Force Personnel and Training Research Center）；海军的航空心理学研究的主要机构是 Bolling 基地的海军电子实验室（Naval Electronics Laboratory）。很多"二战"期间在部队工作的航空心理学专家在战后进入大学和地方机构，因此，航空心理学在科研机构得到了发展。

1946 年 1 月，伊利诺伊大学成立了航空心理学实验室。Williams（1949）进行了大量研究，包括飞行阶段飞行员训练、显示与操控以及如何将飞行员在模拟器中形成的技能迁移到实际飞行中。这个实验室的研究还包括任务分析、飞行显示系统和操控系统设计等。Williams 从 1946 年开始，领导了这个实验室 10 年，将其建设成为当时世界上首屈一指的航空心理学实验室。著名航空心理学家 Roscoe（1980）甚至将其称为"航空心理学之父"。后来，这个实验室更名为现在的航空研究实验室（Aviation Research Laboratory），目前仍然是世界上航空心理学领域最好的实验室之一。

1945 年 1 月，俄亥俄州立大学建立了航空学院中西部航空心理学研究所。研究所中进行对心理学、生理学、物理学、应用光学、医学、工程、气象学和农业学交叉研究的综合计划。1949 年，Paul Fitts 指导建立了俄亥俄州航空心理学实验室（Ohio States Aviation Parapsychology Laboratory）。此外，在宾夕法尼亚大学和普渡大学（Purdue）也成立了航空心理学研究机构。但总体来说，伊利诺伊和俄亥俄州的实验室是这一领域最活跃和领先的。还有一家教育机构必须要提到，那就是俄亥俄州的海德尔堡（Heidelberg）学院。这所成立于 20 世纪 60 年代的学院是美国唯一的本科生航空心理学教育机构。

20 世纪四五十年代，美国民航管理局在国家航空心理学研究委员会的技术支持下进行了许多航空心理学研究，其中大部分研究是由各大学完成的。1950 年，民航领域的航空心理学研究成果被汇集成册，称为"灰皮报告"（gray cover reports）。

1.2.2 国内航空心理学发展

相比于国外航空心理学如火如荼的快速发展，我国航空心理学领域的研究相对滞后，于 1958 年我国才逐步开始进行有关飞行员飞行能力的研究，初期主要聚焦于飞行员的心理选拔问题，可以说"心理选拔"在很长一段时间里几乎成为国内航空心理学的代名词（游旭群 等，2017）。

1. 飞行员心理选拔研究的发展

以 1987 年国内招飞体制的改革为界，飞行员心理选拔可划分为两个阶段。

第一阶段始于 20 世纪 60 年代初期，由空军航空医学研究所陈祖荣教授团队与中国科学院心理研究所合作，通过借鉴国外研究结果与开展国内调研，提出了飞行能力的概念和三级心理选拔系统，即招飞点—预校—航校三级选拔。其中招飞初选阶段采用纸笔测验，给定淘汰率为 7%~15%；飞行预备学校阶段采用仪器选拔，累积淘汰率定在 15%~25%；航空学校阶段采用仪器检查并参考飞行练习器或模拟器成绩，淘汰率则视具体情况而定

（武国城，2002）。通过一系列研究，团队完成了飞行学员五项纸笔测验和五项仪器测验的研制（肖玮　等，2018），但由于历史原因，只有纸笔测验通过军委批准，在全国招飞中正式推广并得以运用。

第二阶段始于1987年，招飞体制改革后招飞工作由空军组织实施，空军航空医学研究所在空军要求下组织军内外专家从1988年起进一步深入开展飞行员心理选拔研究，王辉、孟宪惠等人在三级选拔系统的基础上提出了"筛选—控制"选拔体系的构想。该体系具有系统性、动态性和连续性。"筛选"是指对受检者学习飞行必需的心理品质进行心理选拔；"控制"是指对某些暂时不合要求但可塑性较强的心理品质进行心理训练，使学员的心理品质朝着有利于学习飞行的方向发展，同时又可以根据训练情况做进一步的筛选（王辉　等，1992）。该体系将与飞行有关的心理品质概括为智能效率（包括注意分配能力、应变思维能力和运动协调能力）、行为控制能力（主要指情绪控制能力）和人格因素（即个性）三个方面，并以此作为心理选拔和训练的基本内容。空军航空医学研究所在开展"筛选—控制"选拔体系研究的同时，还进行了一系列新的纸笔测验和飞行员专用的个性问卷研究，并分别在1989年和1994年得到推广应用（武国城，2002）。

1994—1997年，空军招收飞行学员工作办公室组织中国科学院心理研究所、北京大学心理系、第四军医大学航空医学系和空军航空医学研究所等军内外单位的心理学专家组建了"飞行人员职业心理选拔系统"联合攻关组，开展了全面、有效的系统研究。该项研究将基本心理品质、飞行综合信息处理能力、任务负荷条件下的生理心理特征、专家面试等技术进行有机结合，研制出由3个检测平台、1个主检平台和1个专家组组成的招飞心理选拔测评系统。第1平台是多项心理测评仪，可同时测评36人，主要检测基本认知能力、情绪稳定性人格特质和飞行动机；第2平台是计算机控制下的仿真座舱，主要检测飞行特殊能力、情绪稳定性操作指标和生理指标；第3平台是专家面试辅助检查平台，主要进行室外活动观察、情景模拟测验和心理会谈。主检平台通过局域网对各平台进行控制和管理。专家组由招飞专家组成，负责最后把关。该系统预测效度为0.56，预测符合率为82.4%，成为我国军事人员心理选拔领域具有里程碑式意义的重要研究。该系统的检查方法于1999年被制定为国家军用标准（GJB 3725—1999《招收飞行学员心理检查要求与方法》）并颁布实施（武国城，2002）。

至此，在20世纪60年代、80年代和90年代组织过的这三次大规模研究在实际应用中产生了较大的军事与社会效益，但研究与应用主要集中在飞行学员初选阶段，对于现役或在职飞行人员的心理评定来说相对薄弱。

2. 空间定向问题研究的发展

由空军航空医学研究所于立身教授、第四军医大学皇甫恩教授等人开展的空间定向研究，在预防严重飞行事故的发生、提高飞行学员心理选拔的准确率上发挥了重要作用，奠定了飞行人员空间能力的检测和判定基础，推动了国内航空心理学的发展。

在该领域的早期研究中，有关飞行错觉的研究数量最多，且成果显著，主要涉及飞行错觉调查、飞行错觉发生机理、地面与空中模拟飞行错觉、心理生理训练、前庭功能与飞行错觉、飞行错觉的鉴定预防和治疗等方面。但早期研究也存在一定的局限性，表现为仅注重从生理特点和外部环境的角度出发，缺乏以心理学为主线的飞行空间定向障碍研究（皇甫恩　等，1994）。

从 1980 年起，第四军医大学航空心理学教研室在感觉生理研究的基础上，逐渐发展神经心理和认知心理方面的研究，扩展了对飞行空间定向障碍的认知和理解，形成了大量新的研究成果，具体表现在耳石器与空间定向障碍，空间认知特征与飞行能力的关系，空间认知特征与飞行错觉水平的关系，场独立性、场依存性与飞行空间定向的关系 4 个方面，同时还揭示出除认知能力外，飞行员的情绪与人格特征对飞行空间定向也有不可忽视的作用，启示航空心理学在研究和实践中应关注飞行员自身、飞行器和飞行环境 3 大因素间的相互作用，并考虑多学科的融合与协作（皇甫恩　等，2000）。

3. 其他方面研究的发展

至 20 世纪 90 年代末期，国外已将飞行员心理训练视为重要研究内容，情境意识训练、机组资源管理训练等更是热门话题，但国内相关的研究还未开展。国内主要关注的模拟器训练也缺乏相应的心理学研究，不利于摸清其正、负迁移规律，找出训练时间与迁移率的关系，制定合理高效的训练教程。

此外，在同时期国外进行的关于飞行恐惧症行为治疗的研究已取得一定的成效，但国内在这一方面仍是空白。国内的心理卫生工作仅限于采用问卷调查的方式，针对飞行人员面临的生活事件、愿望挫折等心理社会因素，还缺乏行之有效的心理卫生措施。

人机工效方面的研究在此时期较国外成果也相对滞后，国外在全息平视仪、准直显示器、多功能显示器、夜视装置、头盔显示器、头盔瞄准具、握杆操纵（hand on throttle and suck，HOTAS）、编程开关、话音控制装置等方面的研究相当活跃；而国内专家围绕的人体测量、综合电光显示、话音告警、握杆操纵等的研究总体来看较为零散，缺乏系统性，研究手段相较落后，在飞机设计中还远未占据应有的地位（武国城，1997）。

1.2.3　航空心理学的研究新进展

1. 飞行员胜任特征

在飞行员初始选拔中主要基于基本的飞行能力,它包括特殊能力、个性特征和飞行动机等内容。但是,经过这些选拔后的飞行员在后期的训练中以及执行任务中的飞行能力却难以评估。为此,近年来,研究者引入了管理学中"胜任特征"的概念,试图建立飞行职业胜任特征模型。根据这些模型不仅可以对不同的飞行员进行合理的飞行训练或飞行排班,还可以进一步选拔出能适应各种危机情境的飞行员。

胜任特征通常是指将某一工作中有卓越成就者与表现平平者区分开来的个人潜在的、深层次的特征。目前主要的胜任特征模型有 3 大类。第一,冰山模型将胜任特征看作一座漂浮在水面的冰山,知识和技能属于冰山以上的部分,是看得见的,而社会角色、自我认知、特质和动机则是隐藏在冰山下的更大的一部分,这是看不见的。第二,洋葱模型将胜任特征分为 3 层。最核心的一层是动机和个性,中间层是态度、社会角色、自我形象和价值观,表层则是知识和技能。第三,金字塔模型认为胜任特征包括处在金字塔底的天生的能力和处在金字塔上层的后天获得的能力。这些模型都十分形象地描述了组成胜任能力的不同成分的特点。

要想建立飞行职业的胜任特征模型,就需要首先对飞行进行工作分析。国际民航组织(International Civil Aviation Organization,ICAO)颁布的面向航线运输飞行员的行业指导性文件中,就对核心胜任能力的评估指标、识别能力的情景要素制定了具体的规范。因而,飞行员的胜任特征模型应该是基于这些被拆解开的各项评估指标来建立的。在民航领域,有 Roe(2002)提出的民航飞行员胜任特征等级模型。该模型指出飞行职业胜任特征包含3 个等级:胜任特征、次级胜任特征和基础胜任特征。胜任特征如完成着陆的能力;次级胜任特征如向飞行计算机输入指令的能力;而基础胜任特征如交流能力、认读仪表的能力。在军事领域,有苗丹民等建立的年轻飞行员胜任特征心理品质评价模型和宋华淼等建立的军事飞行职业胜任特征模型。后者将军航飞行员的胜任特征分为 3 个结构:心理动力、个性特质和心理能力。这三者用洋葱模型来构建,最内核的是心理动力,中间的是个性特质,最表层的是心理能力。

目前,飞行职业胜任特征的研究还存在一些问题。比如,胜任特征评价指标不够完整,合理性还尚存疑问,后续还需要探究更多深层次的胜任特征。另外,目前的研究还未跟上飞机性能的发展。很多新飞机的装备和性能大大提升,对飞行员提出了新的能力要求。关于胜任特征模型的应用体系也不完善，目前更多的还是关于飞行员的知识、能力、个性心理特征等的理论研究，在应用上主要是在选拔方面，而在培训、评估方面的应用较少。

2. 驾驶舱显示系统的优化

20 世纪 70 年代以前，驾驶舱设计从简单慢慢变得越来越复杂。驾驶舱设备从全机械仪表、手柄开关发展成为复杂的机电仪表、灯光音响信号和各种旋钮。数十个仪表，百余个开关遍布驾驶舱上、下、左、右，驾驶员需全方位操纵。在这一阶段，驾驶舱的布局传达给飞行员的信息有限，缺乏综合信息，缺乏自动化的综合控制和闭环控制。从 20 世纪 90 年代开始，驾驶舱向工作站方式推进，显示器平板化，玻璃驾驶舱得到普及。

传统的飞机驾驶舱设计是以机器为中心的设计，基本遵循以技术为中心的理念，将飞行员的体验和需求放在次要位置，飞行员对驾驶环境的适应能力需通过大量的训练来实现。现代驾驶舱设计则贯彻以人为中心的设计理念，要求飞机驾驶舱的设计与飞行员的能力相匹配，保证驾驶舱的显示系统、操作系统设计与飞行员的认读能力、判断能力和操纵能力相协调，为高效的飞行操作和圆满完成任务提供保障。

具体改进表现在以下几个方面。

信息集成显示。在以往使用的电子机械设备的驾驶舱中，只能显示孤立的离散信息。现在的驾驶舱显示设备则可以显示当前背景下的更有用的综合性信息。这一进步源于多种技术的共同进步。电子光学时代（玻璃驾驶舱革命）最开始使用相对较小的更耗能的阴极射线管（cathode ray tube，CRT）。现在，CRT 被液晶显示屏（liquid crystal display，LCD）代替，LCD 更薄，产热少，耗能也更少。它能做得更大，还能被做成各种形状和大小。这种灵活性可以呈现各类任务所需的数据。显示器可以提供两类基本信息：速度类信息、状态类信息。有两种基本的显示数据信息的方式：纯数字显示器和使用直观刻度的指示器。在设计驾驶舱显示系统时要考虑到：如果参数值的改变过快或过慢，需要哪种精确度；飞行员需要多快的速度阅读它们；等等。设计时存在速度—准确率的权衡。能被很快看明白的信息通常不太精确；而有非常详尽信息的显示则通常需要更多时间去读取。现代电子光学显示器可以将刻度盘和数字显示集成在一起，同时保证了速度和准确率。

平视显示器。平视显示器在军用航空中用得很普遍，目前也逐渐在商业飞机中使用。在商业飞机中，平视显示器一般是装置在顶部仪表板上，在需要时向下展开，有点像汽车的遮阳板。一般主要在起飞和降落时使用，尤其是在可见度较低时使用。平视显示器可以大大提高工作效率，减少 60% 以上的无关干扰。在可见度很差的情况下，平视显示器可

以很好地帮助飞机降落。平视显示器的出现是源于这样一种常常出现的情况：飞行员置外界活动于不顾，仅将注意力集中在座舱内。因此，平视显示器将图像显示在透明的光学设备上，放置于飞行员平视的前方。图像的焦点在无穷远，这意味着飞行员不需要在窗外物体与平视显示器之间转换视线时重新聚焦。还有一种头盔镶嵌式显示器，与飞行头盔合成一体，直接将图像投影在飞行员视野内（通常在护目镜上），可以让飞行员同时看到外界环境和重要的飞行信息。

增强复合视觉系统。另外一种新出现的新型视觉系统能够极大地提高飞行效率，帮助飞行员更好地起飞和落地。它们可分为增强视觉系统（enhanced vision system，EVS）和综合视觉系统（synthetic vision system，SVS），具体而言，是将数据库和传感器技术与显示器结合起来，以提升情境意识。EVS 使用机载数据库增强外部视野。SVS 则不再向飞行员直接展示外部世界，而是将传感器收集到的外部环境的实时数据和数据库中的信息整合起来，形成加工后的图像。二者均可以显示在平视显示器上。有些 SVS 将外部真实环境上覆盖一个帮助装置，该装置将机载数据库和飞机的 GPS 结合起来。在视觉条件较差时，可以帮助飞行员发现复杂机场的跑道和滑行道，帮助起飞和降落。这些系统将信息（而不是数据）以自然直观的方式展现给飞行员，大大减少了飞行员对设备数据的理解解释工作。

参考文献

Bagby, E. (1921). The psychological effects of oxygen deprivation. *Journal of Comparative Psychology*, *l*(*l*), 97-113.

Dockeray, F. C., & Isaacs, S. (1921). Psychological research in aviation in Italy, France, England, and the American expeditionary forces. *Journal of Comparative Psychology*, *1*(2), 115-148.

Gordon, T. (1949). The airline pilot's job. *Journal of Applied Psychology*, *33*, 122-131.

Koonce, J. M. (1986). A brief history of aviation psychology. *Human Factors the Journal of the Human Factors & Ergonomics Society*, *26*(5), 499-508.

McFarland, R. A. (1953). *Human Factors in Air Transportation*. New York: McGraw-Hill.

Roberts, K. A., Savitzky, A. H., Carson, K. A., & Mori, A. (1999). Ultrastructure of the Nuchal Glands of Rhabdophistigrinus (Serpentes: Colubridae).

Roe, R. (2002). Competences — A key toward the integration of theory and practice in work and organizational psychology. *Gedragen Organisatie*, 203-224.

Roscoe, S. N. (1980). *Aviation Psychology*. Ames. IA: Iowa State University Press.

Sloan, S. J., & Cooper, C. L. (1986). Stress coping strategies in commercial airline pilots. *Journal of Occupational & Environmental Medicine*, *28*(1), 49-52.

Williams, A. C. (1949). Evaluation of the school link as an aid in primary flight instruction (aeronautics bulletin no. 5). *Urbana IL University of Illinois.*

皇甫恩, 刘宁, 王小英. (1994). 目前我国航空心理学研究的五个具体问题. 中华航空医学杂志, 1.

皇甫恩, 王家同, 苗丹民. (2000). 航空航天医学系心理学教学与科研40年回顾. 中华航空航天医学杂志, 4.

刘乃杰. (1990). 航空心理学发展简史. 心理科学进展, 000(002), 68-70.

钮松. (2013). 面向民机驾驶舱人机工效设计的布局优化研究. 南京航空航天大学博士学位论文.

王辉, 孟宪惠, 武国城, 李革新, 郭云. (1992). 空军飞行学员心理学"筛选-控制"选拔体系. 航天医学与医学工程, 4, 271-276.

武国城. (1997). 我国航空心理学面临的机遇与挑战. 中华航空航天医学杂志, 3.

武国城. (2002). 军航飞行员心理选拔研究进展. 航空军医, 3, 129-132.

肖玮, 刘旭峰, 苗丹民. (2018). 航空航天心理学. 西安：第四军医大学出版社.

游旭群, 姬鸣, 焦武萍. (2017). 航空心理学理论、实践与应用. 杭州：浙江教育出版社.

第 **2** 章

飞行员心理选拔

2.1 飞行人员核心胜任能力

2.1.1　飞行职业工作特性分析

作为一个特殊的职业群体，飞行员在三维空间的特殊环境中工作，在高空、高速、高负荷等激烈的变化中实施操作，其心理机能的发挥需要很强的心理素质作为保障，因此，飞行职业对飞行员的心理素质有着特殊的要求，尤其是近年来，随着航空工业的发展，新设备和新技术的广泛应用，使得飞行员这个职业出现了如下特征。

（1）从飞行作业的性质而言，随着现代航空技术的发展及其成套装备的日趋完善，现代飞行器的机械稳定性和可靠性有了显著的提高，同时还使飞行员从传统的体力操作型工作方式向认知、监控的方向转变，短时间内完成大量信息的综合加工、做出准确判断的决策过程已成为现代飞行活动的主要特征，人的因素引发的飞行事故占比已高达 75% 以上（Shappell et al.，2007），无疑，这将对飞行员尤其是航线飞行员的记忆、信息加工和逻辑思维等飞行认知能力有更高的要求。

（2）从职业风险角度而言，随着科学技术的不断发展，技术的可靠性不断增强，航线飞行活动具有极强的先进性、异境性、程序性、时限性、突变性和独立性等特征（戴琨，2010）。飞行员需要在高技术环境、高难度、大容量的心理活动的条件下进行操作。飞行员的身心负荷大，需要良好的心理素质来予以应对，以满足职业要求，维持自身身心健康，否则将带来一定的职业风险，影响飞行安全，如长期处于紧张状态而患各种身心疾病（抑郁、焦虑、神经衰弱等）（晏碧华　等，2012；You et al.，2013）。

（3）从飞行员培养角度而言，培养飞行员的心理素质是高素质飞行人才的客观要求，飞行员需要良好的心理素质来应对日新月异的环境变化；同时，有针对性地进行心理素质训练与辅导，将有助于飞行员更好地增强自身心理能量，促进心理健康；飞行技能的提高需要良好的心理素质作为基础，培养从事飞行职业所需的心理素质，将更有利于飞行员技术提高与个人成长。

（4）从社会影响角度而言，飞行职业责任重大，飞行员不仅仅是作为一个职业群体存在，因其对公共安全的影响，使其还肩负着一定的社会责任。虽然在所有的交通运输方式中飞行事故发生率最低，但由于其事故后果的严重性，飞行事故不仅会造成经济上的巨大损失，还会给社会带来一定的影响，这需要飞行员必须具备高度的责任感等心理素质，以保证飞机能安全到达目的地。

正是出于以上的种种原因，飞行员这个特殊的职业出现不久，就已经有人意识到，必须对飞行员进行心理素质选拔，挑选那些能适应飞行职业责任大、难度大、风险大等特点的候选者，并快速进行大规模应用，今天，不论是民用航空飞行员还是军航飞行员，心理选拔都是其选拔体系中的关键环节。

本章将对飞行员的心理选拔的历史及未来发展趋势做一个综合的阐述。

2.1.2　飞行人员核心胜任力及其要求

长期以来，飞行能力始终是一个未定的概念，不同学者对其内涵和外延有着不同的理解。Fleishman（1930）提出，飞行员心理品质应包括操纵动作的精细性、空间定向能力、肢体运动协调能力、鉴别反应能力、运动辨别能力、对速度或频率变化的感知和反应能力；"二战"时期的研究者们把一般智力和心理运动能力等同于飞行能力；Placidi（1955）提出，果断性、目测力、情绪控制、反应迅速、战斗精神、纪律性、主动精神、动机特点、判断品质、自信是飞行人员应具备的心理品质。苏联《飞行员和航天员心理选拔》提出，情绪稳定、神经过程快而强、注意分配广、转移快、范围大和稳定性高、思维属实际类型和有随机应变能力、良好的空间和时间概念、良好的记忆力、知觉范围广、速度和准确性好、坚强的意志、飞行兴趣感强是飞行员必需的心理素质（鲍德罗夫，时勘，1986）。进入 20 世纪 80 年代，Gantt 等人在调查、分析后指出，飞行能力应该包括：①杰出的心理运动能力（手、眼协调）；②在加工和综合各类信息的基础上，瞬间的决策能力；③良好的态度和个性品质（苗丹民　等，2004）。正是在这一定义的前提下，美国空军于 1985 年编制了基本特性测试（basic attributes test，BAT）。Kaplan 等人（2010）通过引用欧洲民航会议

的草拟纲要提出了完整的欧洲民航心理评估，包括个人信息（如生活、家庭、工作经历）、基本认知能力、人格（如动机和压力应对）和心理会谈。其中，认知能力测验包括一般能力（即智力）、言语、数量关系、空间、机械、知觉速度、反应时、仪表理解、时间分配、注意等方面。然而，这些评估结果不作为选拔的一部分，而是作为选拔结果涉及基本认知能力和人格等问题时的一种参考。

我国学者曹日昌、陈祖荣、荆其诚、武国城等均对飞行员的心理品质做了研究，如曹日昌、陈祖荣（1958）提出，感知判断力深度、速度和平衡，注意分配、转移和强度，动作能力、动作速度、动作协调、动作准确性，情绪意志和思想认识力是飞行员的心理品质特征。常耀明等人（2013）提出，合格的驾驶员必须具备相应的心理特性，其中包括但不限于迅速而准确的感知觉、广阔灵活的注意分配和转移力、协调的肢体运动、较好的动作模仿能力、较强的计算和思维能力，以及坚强的意志品质等。

国际航空运输协会（International Air Transport Association，IATA）于2019年提出八项飞行员职业胜任力，分别为程序的应用和法规的遵守、沟通、飞机自动飞行路线管理、飞机手动飞行路线管理、领导力和团队合作、问题解决与决策、情景意识和信息管理、工作负荷管理（IATA，2019）。欧洲民航局（EASA）在此基础上，将"知识"列为第九项胜任力。

IATA还建议，在对飞行员进行职业胜任力的测试时，应使用如下测量维度。

（1）英语水平。作为交流和确保学习、促进全球飞行员流动的不可或缺要素。

（2）基本的心理能力。内容包括：记忆容量，信息处理的速度和准确性（感知、分类和转换），空间能力（静态），技术理解，推理（以基本数字来处理信息），逻辑能力，长期专注。

（3）综合心理能力。内容包括：注意分配，多任务（合并不同任务），心理运动能力（尾随追踪、补偿追踪），空间能力（动态）。

注意：这些维度与飞机的飞行路线管理，手动飞行和自动飞行有关。

（4）运行能力。内容包括：问题解决与决策，工作负荷管理，情景意识和信息管理。

（5）人际交往能力。内容包括：沟通，领导力和团队合作。

（6）性格特质。内容包括：专业精神（专业动机，自律，自我批评，自我组织，安全驱动，以社会对抗来处理压力，信息负荷，时间压力），以及程序应用并遵守法规。

2.2 飞行员心理选拔的开展

飞行员心理选拔（psychological selection of pilots）是由飞行专家和心理学专家运用心理学的方法，共同对候选飞行学员的心理特征进行检测并做出评定，选拔出能够适应航空职业特征的候选飞行学员（皇甫恩，苗丹民，2000）。其目的一方面是为了选拔更合适的候选人进入飞行员队伍；另一方面是降低淘汰率，节约飞行训练的成本；其最终的目的是维护飞行安全质量。飞行员心理选拔是特殊职业选拔之一，是航空职业选拔的关键组成部分，是航空航天心理学的重大课题。随着科学技术及制造工艺的发展，组成飞行活动的硬件及软件系统所导致的飞行事故率大大降低，而人的因素已成为导致飞行事故的主要原因，心理选拔的重要性进一步凸显。

2.2.1 国外飞行员心理选拔的开展

1. 军航飞行员心理选拔

最开始对飞行人员进行心理测评是源于战争的需要，在战争中获得的经验使得人们充分认识到，"人"是决定军队战斗力的核心，而不是机器，求胜的愿望使得作战的双方都对飞行员的心理品质给予了极大的关注，由此，对个体的选拔和训练成为提升军队战斗力的重要环节（曾思瑶 等，2019）。"一战"时，陆军航空兵就开始使用飞行员能力测试，以德、美两国为代表的发达国家，首先开始从心理学角度对军航飞行员进行选拔，主要包括基本认知能力、心理运动能力和人格特征 3 方面（Robertson，2001）。Rippon 最早对飞行员素质特征进行了描述，开启了对飞行员素质的研究（Boring et al.，1932）；意大利最先建立了关于飞行员心理选拔的实验室，将考察重点放在快速的反应、精确的心理运动协调能力和持久的注意力上；Parsons（1918）最早倡导使用智力选拔；海军军医 Backman（1918）最早使用了心理运动能力选拔测试；美国是"一战"中唯一使用普通智力测试选拔飞行员的国家；在法国，仪器测试中的血管收缩被认为可以表明飞行员的情绪稳定性；德国则重点开发精细的仪器测试，以此来测量对失定向的抵抗能力。至 20 世纪 30 年代末，大多数国家开始把心理运动变量加入到飞行员选拔测试程序之中。到第二次世界大战时，飞行员素质的研究范围包括反应时间、记忆、注意、辨别力、速度判定、心理健康等。最杰出的代表是 Flanagan（1941）编制的航校学员入学资格测验（aviation cadet qualifying examination，ACQE），用以评估飞行素质。测验包括：判断能力、动机、决策与反应速度、

情绪控制、注意分配 5 项心理素质。第二次世界大战后，飞行员心理素质的研究蓬勃发展，产生了真正意义上的心理选拔系统（见图 2.1）。各国的心理选拔内容不尽相同，但主要包括 4 个方面：一般能力测评、飞行能力测评、心理运动能力测评与人格测评。20 世纪 70 年代中期以后，随着认知心理学和计算机技术的发展，该领域的研究有了突破性的进展，美、英、德等国首先采用计算机化的心理选拔系统，使心理选拔预测效度提高到 0.47 左右（张凌等，2013）。20 世纪 80 年代后，筛选与训练（selection and training）已经成为全球民航飞行员培养的一个通用模式（ICAO，1989）。20 世纪 90 年代初期，美国空军飞行员心理选拔的测验项目发展为 16 项：语言理解、运算推理、数字理解、机械理解、刻度阅读、仪表理解、旋转木块、隐藏图形等。从 1993 年开始，各国在飞行员心理选拔方面开始用电子计算机为基础的仪器测验替代过去的纸笔测验，时间准确性和感觉真实性有了很大的提高，进而确保计算机测验在选拔飞行员方面有更好的预测性。近年来，飞行员心理素质研究进入了新时期，已出现了针对特定机种或特定机型的分层选拔。

图 2.1　军航心理选拔纸笔测试示例

2. 民航飞行员心理选拔

与执行特殊飞行任务的军航飞行员不同，民航飞行员是指那些以执行日常航班飞行为主要目的，以机组成员协同作业为主要工作特征的商业飞行人员。由于各自飞行任务的要求不同，所以，民航飞行员心理选拔要求与军航飞行员心理选拔要求之间具有一定差异。第一，民航飞行员着重注意分配能力，而对于注意的稳定性要求要比军航飞行员要低；第二，先进的现代电子导航设备以及不需要做大幅度的飞行动作，使得民航飞行员对空间定向能力的要求要远远低于军航飞行员；第三，民航飞行任务一般需要两名或者多名飞行员共同完成，同时需要飞行员与空中管制人员进行联系、交流，因为有国际航线任务的民航飞行员还必须掌握外语，所以，对言语沟通能力的要求，民航飞行员是要高于军航飞行员的。

早期，由于行业发展缓慢，基本上没有建立起行业性的飞行员心理选拔体系，两次世界大战期间，各航司主要是利用军方已有的选拔技术来改进航线飞行员的选拔过程，其中比较典型的是美国联邦航空局（Federal Aviation Administration，FAA）于 1938 年推行的民航飞行员训练项目（civil pilot training program，CPTP），但此项目于 1941 年随战争进程而终止。

"二战"后，民用航空发展迅猛，但由于缺少系统的实证研究，飞行员心理选拔的效度始终难以得到验证，其有效性和客观性遭到了质疑，航空公司也存在一些错误认识：如认为一名优秀的军航飞行员自然是优秀的民航飞行员；学业成绩优秀的候选人自然是优秀的飞行员；等等，种种错误认识和争议，导致航线飞行员选拔工作在"二战"后相当长的一个时期里，远远落后于军航飞行员的选拔（游旭群　等，2007）。

20 世纪 80 年代后，随着民用航空业的迅猛发展，航线飞行员选拔工作的特殊性日益凸显出来，寻求和建立适用于民用航空飞行特点的飞行员选拔与培训体系，已成为各国航空心理学研究者的研究重点。为使民航飞行员心理选拔快速发展，有些国家甚至成立了专门的飞行员心理选拔研究和测试机构，如美国的 Armstrong 实验室、德国的宇航中心（DLR），都有专门的航空航天心理研究所。但各国心理选拔所考察的特征各不相同：如美国的认知成套化测验（cognitive laterality battery，CLB）用于评价言语连续性与视觉空间两大认知功能；在德国，由德国宇航中心统一负责民航和军航飞行员的心理选拔，也包括航天人员的选拔（王爱华，1998），已开发出计算机辅助测评系统（computer assisted test 4，CAT-4），SCHU-HFRIED 研发的维也纳测评系统（Vienna Test System，VTS），计算机化飞行员能力倾向选拔测评系统（computerized pilot aptitude screening system，COMPASS）以及加拿大的空勤人员选拔系统（air crew selection，ACS），这些都是系统集成化的可用于飞行员素质测评的系统，除 ACS 不包含人格测评外，其余系统均包含智能与能力测评、心理运动能力测评与人格测评。英国的飞行能力测评系统包括注意容量、心理速度、心理动力、推理与空间定位的相关测评；法国的心理选拔系统包括认知、心理运动、个性动机、集体适应、合作关系等；澳大利亚的 Mieropat 测评系统测评多种协调能力，包括时间分配与注意分配、空间定向、判断与决策、记忆与心算等多种能力；葡萄牙、巴尔干地区使用

Wombat-CS 系统测评飞行员的情境意识与耐压能力。除此之外，国外常用测验飞行基本认知能力的测验还有：表面发育检测 -Vz3（The Surface Development Test-Vz3）的视觉注意转换测验、S&M 心理旋转测试（S&M Test of Mental Rotation Ability）的空间心理旋转能力测验、温德利人事测验（The Wonderlic Personnel Test）的逻辑推理能力测验等。下面以德国宇航中心的心理选拔系统为例作简要介绍。

该系统所有测试均针对航线飞行员设计，并在德国和西班牙的航线飞行员选拔中具有很高效度（Hoermann，1999；Neal & Schmitt，2014），其测试包括与优秀航线飞行员职业特征密切相关的所有必备心理品质，主要包括 3 个环节。

（1）一般能力测试，主要测试 3 个方面：①一般性知识，主要考查候选者通过学习所掌握的英语、数学和物理知识；②心理感知能力的测试：主要考查候选者的感知速度、注意分配及转移能力、视觉联想记忆、听觉记忆能力及空间定向能力；③个性心理特征，主要了解候选者的成就倾向、个性心理特征及情绪稳定性。

（2）心理运动能力测试，主要测试 2 个方面：①手 - 眼（耳）- 脚协调能力（CCT）；②多任务操作能力（TOM）。

（3）心理访谈，进一步对候选人的个性特征做考查。经过汉莎飞行学院 15 年的应用，其预测合格率为 97%~98%。

2.2.2　我国飞行员心理选拔的开展

1. 我国军航飞行员心理选拔

我国飞行员心理选拔研究工作始于空军，1958 年陈祖荣等人在借鉴英、美等国研究成果的基础上，开始了对军航飞行员心理选拔的研究，1962 年，陈祖荣等首次提出将心理选拔与在招收飞行新生时关注的具体特点相结合，构建出飞行学员全过程心理选拔方案，提出了招飞点 - 预校 - 航校三级选拔设想，即初选淘劣（纸笔测试，给定淘汰率为 7%~15%）、预校淘劣（仪器选拔，累积淘汰率定在 15%~25%）以及航校淘劣（仪器选拔结合训练成绩，淘汰率视情况而定）3 个阶段。在此基础上，对纸笔测试、仪器测试和个性测试等常用心理评测方法进行深入研究，先后研发出 12 项基本能力测验、5 项纸笔测验、6 项仪器测验以及一套《空军飞行员心理选拔个性问卷》。后来由陶桂枝等继续研究，于 1978 年形成了 5 项纸笔测试（注意广度、视觉鉴别、运算能力、地标识别和图形记忆）和 6 项仪器检查（主要包括注意品质和反应动作灵敏性等）心理选拔系统，检查淘汰率为 9.0%，预测淘汰符合率为 76.3%。1978—1982 年在全国空军招飞中使用，1986 年周家剑在国内首次将计算机技术用于招飞仪器检查方法，研制了方位辨别反应和手足控制光点运行两种方法，实现了对操作成绩的实时处理。上述种种方法由于历史原因，只有纸笔测验经中央军委批准于 1978 年在全国招飞中正式推广应用。1987 年空军招飞体制改制以后，为进一步提升信效度，1988 年我国空军再次开展了"筛选 - 控制"选拔体系的研究，智能效率测验、心理会谈和纸笔式心理素质测验在 1989 年向全军推广，飞行人员个性特点问卷于 1994 年被推广应用，1997 年招飞心理选拔测评系统被研制出来。随后 2002 年，空军又委托中科院心理所工程心理学实验室对特殊飞行能力进行第二轮实验研究，2003 年完成新测试平台，现已投入招飞使用。国内现有的空军飞行员心理选拔分为 4 个部分：一是基本能力认识检测，主要检测学生思维、理解、记忆、注意、判断和决策等方面的能力；二是特殊能力检测，主要检测学生在任务背景下的操纵、协调、反应、注意和空间定向等方面的能力和情绪控制水平；三是飞行综合能力测试，主要检测学生在模拟飞行任务环境下的操控能力、模仿能力、注意分配和个性心理特征等；四是专家访谈，通过室外活动观察（模仿操、集体游戏、球类活动、器械活动、体能测试）和室内面试会谈，判断候选人是否适合从事飞行职业，是否具备飞行员必要的基本心理素质条件，有无培养前途和发展潜力（见图 2.2）。

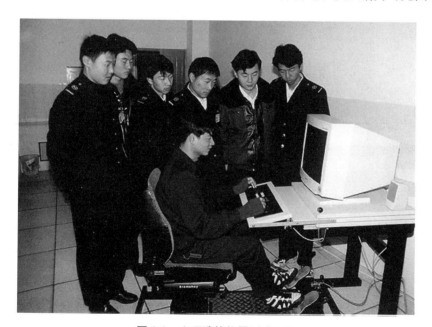

图 2.2　心理选拔仪器测试示例

以上 4 个部分的选拔使用 3 个平台的心理选拔系统。第一平台是多项心理测评仪。可同时测评 36 人。主要检测基本认知能力、情绪稳定性、人格特质和飞行动机。第二平台

是计算机控制下的仿真座舱。主要检测飞行特殊能力、情绪稳定性操作指标和生理指标。第三平台是专家面试辅助检查平台。主要进行室外活动观察、情境模拟测验和心理会谈。主检平台通过局域网对各平台进行控制和管理。专家组由招飞专家组成，负责最后把关。该系统的预测效度为 0.56，预测符合率为 82.4%。1999 年该系统的检查方法被制定为国家军用标准（GJB 3725—1999《招收飞行员心理检查要求与方法》）并颁布实施，该系统测验题目的信度和效度都很高，并且题库丰富，有 4 个等效题库。

近年来，我军主力机型在隐身性能、巡航能力、机动能力和信息能力等多个方面的不断换代提升，这对我军飞行员的身体载荷和认知负荷提出了新的挑战，已有学者认识到心理选拔应进一步发展，以匹配军事要求的进展，譬如，针对我国第三代战机成为主战机型，武国城（2002，2005）经过研究，制定了国家军用标准（GJB 4424—2002《歼击机飞行员心理品质检查方法》），并沿用至今。

2. 我国民航飞行员心理选拔

我国民航起步较晚，飞行员选拔研究基本沿袭了空军的模式，至 1989 年，才开始在民航飞行员选拔中使用心理学方法。20 世纪 80 年代后期，中国民用航空飞行学院提出民航飞行职业对飞行员的心理品质要求，包括注意分配能力、动作协调能力和模仿能力、信息管理能力，以及情绪稳定性、细心和协作性等 5 个方面的技能。1990 年，民航总局研制出我国民航第一套心理选拔纸笔测验——《民航飞行学生心理选拔智能测试》，包括罗盘旋转、视觉辨别、空间定向、听觉记忆和人体旋转等，并很快投入使用，其淘汰率约为 15%~20%（Hoermann & 罗晓利，2002）；1995 年 1 月，民航西南空管局开发研制出用于测试飞行员候选者的飞机操纵能力的仪器——飞机驾驶能力智能评估系统，但因种种原因未能在我国民航飞行员选拔中得到应用；中国南方航空公司在 1994 年，中国国际航空公司、中国民用航空飞行学院在 1995 年先后引进了德国民航飞行员选拔系统，并将其修订为适合我国文化背景的飞行员心理选拔工具，进行了较大规模的应用，但在使用中仍发现如下问题：教育体制与文化差异所引起的某些文化适应性问题、飞行筛选与训练和航线驾驶工作成绩之间的相关问题、个性品质对于飞行学员成为有效机组成员的发展问题等。因此，有学者提出，我国航空心理学研究者还需根据我国文化背景对该套系统的利用和预测效度做出更加系统的研究（Hoermann & 罗晓利，2002）。

历年来我国民航飞行员心理选拔测评系统的情况简要汇总于表 2.1。总的来看，我国民航局各部门及航空公司开发了多套心理选拔测评系统，但目前很多人，包括航空公司相关人员都认为心理选拔测评的效度较低，甚至有人认为根本就没有用，加之监管部门未有强制性要求，因此，国内民航招飞心理选拔的形式和结果使用缺乏一致性，可谓"八仙过海，各显神通"。

表 2.1　我国民航飞行员心理选拔测评系统

系统名称	研发或引进年代	研发或引进机构	测评内容	应用现状
民航飞行学生心理选拔智能测验	1990 年自主开发	原民航局体检队	智能与能力倾向	应用较广
DXC 多项群体心理测评系统	1991 年开始研发，已有第 6 代	第四军医大学	能力测评、人格测验、心理健康测验	军航使用
空勤人员选拔系统（aircrew selection system, ASS）	1994 年南航引进1995 年国航引进	南航、国航	智能与能力倾向、心理运动能力	几乎未使用
飞行员心理选拔系统（PPCSS98 型）	1995 年德国宇航中心（DLR）引进并改进	中国民用航空飞行学院	个性、智能与认知能力、心理运动能力	纸笔测试部分大规模应用约 10 余年仪器测试部分小规模应用心理访谈个别应用
飞行驾驶能力智能评估系统	1994 年自主研发	民航局西南局	智能与能力倾向、心理运动能力	小范围应用
飞行品质评定系统	1999 年自主研发	原民航医学研究室	智能与能力倾向、心理运动能力	小范围应用
空勤人员警觉测评系统	2003 年自主研发	原民航医学研究室	智能与能力倾向	小范围应用
多重任务测验仪	2004 年自主研发	民航局西南局	智能与能力倾向、心理运动能力	小范围应用
民航干线航线飞行员选拔系统	2008 年自主研发	陕西师范大学与南航联合开发	基本能力、特殊能力、人格测验	小范围应用
中国民航初始飞行学员心理选拔系统	2009 年自主研发	民用航空医学中心	认知能力测评、人格测验	飞行选拔使用

2.3　现有飞行员能力选拔方法及主要内容

2.3.1　飞行员心理选拔的手段

国内外应用于飞行员心理选拔的方法很多，从形式上概括起来主要有基础能力测试（纸笔或计算机化）、运动能力测试（仪器测试）、半结构化心理会谈、带飞等级评判 4 类，

行为观察法和传记法也有使用，但应用较少。根据考察的内容不同或受场地及时间的限制，各方法均有优劣，同时也说明了飞行员心理选拔的复杂性。

（1）**纸笔测试**。因为技术的限制，大多数心理评估和选拔之初均采用此方法。该方法实施简易实用，用纸张呈现试题，候选者根据试题要求以书面形式进行作答，可应用于群体测试，得到了推广应用。

（2）**仪器检测**。以计算机为基础，在具有特殊装置的设备上对心理品质进行测试，该方法具有测试精度高、准确可靠和数据处理快捷等优点，是心理检测方式发展的趋势。虽然仪器检测法具有上述优点，但被试者的情绪、动机和其他心理品质无法得到客观的反映，再者，仪器设备成本相对较高无法进行群体性测试，因此较为耗时费力。

（3）**结构会谈法**。招飞机构根据需要考察的内容，组织心理学专家和飞行专家以面对面的形式对候选者进行提问并实时记录，并将访谈记录量化、标准化为统一指标来对心理品质进行评估。该方法存在一定的主观性，且对主试者的心理学知识、飞行经验、访谈技巧等方面有很高的要求，同时访谈结果的量化、标准化也会受各种因素的影响。

（4）**行为观察法**。最早应用于飞行员心理选拔的方法之一，根据需要考察的内容构建相应的情境，在此情境下对个体的行为表现进行观察，根据观察结果对个体的心理品质进行评估。该测试主要由经验丰富的飞行专家和心理学家实施，方法直观便利，但缺乏客观性和标准化。

（5）**传记法**。以候选者的个人经历、生活习惯、人际关系等相关的传记类资料为基础，分析受试者的个性特征，归属于主观评价法。由于个人资料获得困难且缺乏真实性，因此，在飞行员心理选拔中应用较少。

（6）**飞行模拟器检测法**。在地面采用能够模拟实际飞行的设备，对与飞行相关的心理品质进行评估的方法。该方法更贴近实际飞行，有很高的预测价值。由于技术的限制，模拟情境与真实飞行情境有一定的差距，越接近于真实飞行情境的系统越复杂，成本也更高，因此，在招飞心理选拔中应用较少，多见于美、欧等军航飞行员选拔。

2.3.2　心理选拔的通用实施程序

由于基于计算机/网络的心理选拔实施程序操作各不相同，因此此处仅介绍传统纸笔测试的实施程序（彭兆云　等，2009）。

1）测试方式

通常以团体方式进行。对单个个体进行测试，其方法与团体测试基本相同。

2）测试前准备

（1）施测者应是熟练掌握测试方法的专业人员。

（2）准备足够的测试用具，包括测试题、答题卡 / 答卷纸、笔（签字笔及铅笔）、转笔刀、橡皮、序号标签等。

（3）随参试者人数增加，应相应增加测试助理 1~2 人。每次测试总人数通常不超过50 人。

（4）施测场所应保持安静，光照、通风良好。被试的座位之间应留出空间，使施测者可以来回巡视。

3）测试步骤

（1）施测者提前布置好场地，在有必要的情况下，提前对参试者进行编号并粘贴序号标签。

（2）组织参试者入场就座。

（3）施测者介绍测试内容、形式、目的及测试的限定时间，对测试的注意事项提出要求。

（4）施测者 / 助理分发答题卡 / 答卷纸，指导参试者在答题卡 / 答卷纸上逐项填写基本信息。

（5）施测者 / 助理分发测验图册或问卷，告知参试者不得在测验图册或问卷上写字或做记号。

（6）施测者 / 助理宣读指导语，对被试提问可以进行解释，但不应做提示性的补充或更改，确认参试者已经充分了解测试规则后方可进行下一步。

（7）要求参试者在限定时间内独立完成全部测验。测试开始后，施测者 / 助理一般不再解释或回答问题，巡场过程中，应保持测试场所安静有序，可择机确认参试者各项基本信息是否填写完整。

（8）当参试者完成全部题目后，应收回测试材料和用品，确认参试者填写的基本信息字迹清楚，方可让参试者离开测验场所。

2.4 心理选拔现存问题

2.4.1 全球心理选拔现存普遍问题

1. "飞行能力"这个基本问题定义不统一

迄今为止，在全球范围内，"飞行能力"的定义尚未统一，除了传统上的一般智力和心理运动能力之外，人格特质中的哪些部分与飞行能力密切相关？人 - 人交互作用中的沟通、协作能力是否应该考察？决策能力又属于哪一类能力？军航 / 民航的差异是什么？新的战机 / 民机的投入使用，使得飞行能力的要求发生了什么变化？这些基本问题的界定不清，使得各国 / 各组织使用的心理选拔千差万别，研究者多数基于自身的理解和具体实际来开发心理选拔系统。从客观上来看，使得心理选拔带上了较强的"主观性"面纱，对心理选拔有效性的质疑也多基于此点。

2. 有效性

总体来看，不论是军航还是民航，心理选拔的有效性都不高，以水平最高的美国为例，其军航的预测效度约为 0.47，民航约为 0.44，在统计学意义上仅为中等相关水平（王若竹，2009）。Roscoe（1987）对过往研究进行总结和分析，指出：这些测验所得的分数与初期飞行训练成绩呈中度相关，与后来的操纵能力及毕业时的成绩相关度很低，与日后在飞行部队的飞行成绩则根本不相关。Damos 等人（1996）在考察了飞行员选拔成套测验后，认为过去的 50 年里测验的内容和低预测效度一直没有改变，并指出大多数飞行员选拔成套测验预测的是训练成绩，而不是作业绩效。根据国外多项研究表明（Hunter，1994；Martinussen，1996），飞行员后期训练绩效的最佳预测因子是前期训练成绩（$r=0.30$）和由若干项认知和心理运动测验组成的综合测量指标（$r=0.37$），而单项心理运动能力或信息加工能力的预测水平仅为 0.2~0.3，而人格测验、智力测验和学业成绩的效度更低，仅在 0.15 左右。换句话说，尚未有数据证明心理选拔能够提升飞行安全。

3. 全面性

传统上，民用航空界非常重视飞行员的驾驶技能，因此，现有飞行员心理选拔与评估主要着眼于个体是否能够掌握驾驶技能，但对保障飞行安全的认知品质、意志品质，如飞行员安全人格特征、心理适应性等方面关注不够，且对提高机组作业绩效相关的心理品质，如团队合作、人际交往、决策能力等涉及也较少。

4. 跨文化适应性

文化、经济和历史方面的差异，造成不同国家使用的选拔方法千差万别。国内现有对飞行员精神状态及人格特质的评估过分依赖国外的成熟量表，如明尼苏达多相人格测验（MMPI）及其相关修订版等，这些量表是在西方文化背景下所建立和修订的，具有浓厚的西方文化观、价值观与宗教色彩，其文化跨度性较大，难以适用于我国的社会环境。使用适合本国国情和文化特点的自陈量表，是一个亟待解决的问题。此外，在跨文化方面，全球民航均存在一个共性问题，即心理专家会被告知，航医才是整体情况的负责人，只有航医才能根据医学原因让飞行员停飞（暂时或长期），心理专家只能在航医办公室给予飞行员咨询服务，缺乏自主性是全球心理专家面临的共性问题，究其原因，主要还是心理学在健康管理中还没有得到广泛认可，角色定位也不明确（雷蒙德，2017）。

5. 系统性缺乏

长期以来，全球民航界对于理想的民航飞行员应具备的基本特点尚未形成统一的认识，也无法形成统一的标准。要想克服目前的飞行员心理选拔缺乏系统性问题，就必须建立统一的飞行员心理选拔云平台。任何一个预测准确率高的选拔模型或者标准都不可能是由人拍脑袋确定出来，或者简单计算出来的，它一定是基于大数据所得到的。

2.4.2 我国心理选拔现存问题

1. 选拔理念和选拔方法陈旧

目前，我国民航飞行员心理选拔在选拔理念和选拔方法上都略显陈旧。如用于飞行员人格测试量表多为国外量表修订而来，MMPI 及其相关修订版还在广泛应用：一方面，这些量表编制的初衷并非用于诸如飞行员在内的特殊职业从业者的选拔；另一方面，这些量表的结构是在西方文化背景下所建立和修订的，它并不适用于我国的文化环境或社会环境。此外，现今我国所使用的人格选拔测验并无平行的等效题库，是反复使用相同的一个或几个量表，事实上，这些量表中的题目甚至评分方法在网络上早已是"公开的秘密"，其信度和效度得不到保证。在这一点上，德国的做法值得借鉴，民航和军航飞行员心理选拔由德国宇航中心（DLR）统一负责，该中心仅针对飞行员人格测试一项就开发了超过 900 套

的测量工具，并且不断更新相关版本。

2. 选拔缺乏统一性

自 2015 年起，我国民航规定招收飞行学生必须进行心理健康评定，评定结果将作为招飞机构的淘汰依据，现行评定工具为经过了行业化的明尼苏达多相人格测试，主要对候选人的人格特质和精神健康状况进行评定，但未涉及其他与职业胜任性相关的评估，如认知能力等。因此，除人格测试（精神健康评定）外，迄今为止，我国民航既无统一的指导思想和选拔标准，更遑论统一的心理选拔工具和流程，各航空公司具有自主权，八仙过海，各显神通，导致心理选拔的方法、流程，在招飞体检中的角色千差万别。个别航空公司甚至使用商业机构如北森的图形推理 100 题作为选拔依据，严重缺乏专业性和针对性。

3. 选拔的行业针对性不足

现有飞行员选拔的研究还是基于军航飞行作业特点所设计，如视知觉搜索速度、编码速度及空间定向能力等，对民航飞行员所需要的机组协作与交流、自动化管理能力、风险识别和评估、决策等方面的能力涉及甚少，导致心理选拔对未来的飞行训练效果预测性较低，其效度始终无法达到令人满意的水平，这也是心理选拔目前在国内招飞中受重视程度不高的原因（游旭群　等，2007）。

4. 选拔系统与训练系统脱节

目前，无论是监管当局还是各大航空公司都已认识到，心理选拔对提高候选者成材率以及飞行驾驶安全行为有一定的必要性，但是有关心理训练或人因技能训练的价值和作用仍然没有得到应有的重视，实际训练中，也未根据心理选拔结果做针对性的训练（游旭群　等，2014）。此现象在近期已有所变化，我国民航于 2020 年发布的飞行员技能全生命周期管理体系（professionalism lifecycle management system，PLM）中提出：要"构建职业作风、核心胜任力和职业适应性心理 3 大维度的综合指标体系，统一多数据源输入转化为技能指标的基本方法，逐步完成飞行员岗位胜任力的动态'画像'，实现飞行训练模式由反应式的'大水漫灌'向预测式的'精准滴灌'的转变。"在其工作计划中提出，于2023 年构建心理胜任力指标体系（基础 KPI），基于飞行员的职业特点，剖析飞行员心理健康和职业适应性所需匹配度，初步形成基础心理胜任力指标体系。可见，我国民航业监管机构已经对上述问题有所觉察，未来数年内，飞行员心理选拔有望形成行业标准，并深入融入到飞行训练实际中。

2.5 飞行员心理选拔发展特点与未来趋势

2.5.1 外军飞行人员心理选拔近年发展的特点

1. 精细化管理

在军事飞行人员选拔工作上进行精细化管理是当前美国等军事先进国家的突出特点。主要表现在美、英、德等国空、海军在医学检查筛选和心理品质筛选上制定了详尽的系列层级标准及业务指导，实行精细化管理，其中，"标准"为指令性的，"业务指导"为依据性的。例如：美国空军颁布的《医学检查标准》（AFI 48—123 Medical Examinations and Standards）和《空军特许飞行指导》（Air Force Waiver Guide）每年进行修订，是美国空军现行飞行人员选拔的重要指导性文件。目前的《医学检查标准》将各类空中作业人员分为 FⅠ、FⅠA、FⅡ、FⅡA、FⅡB、FⅡC、FⅡU、FⅢ 8 个等级，每个等级标准对应不同机种、不同任务的飞行人员，并列举了特许飞行的条件。《空军特许飞行指导》经过多年的修订完善，对于飞行人员生理选拔条件予以适当放宽，已经发展成为涉及 22 个专业、160 种疾病放宽标准的业务指导，提供了针对每种疾病航空医学应关注的问题及特许飞行依据，明确了特许飞行鉴定所应提交的原始信息资料，为飞行人员（Ⅱ、Ⅲ级）选拔与医学鉴定工作提供了行业操作规范。

2. 选拔理念的变化

心理选拔重要性提高，近年来，美、英、德等国空、海军从原来的以医学检查筛选（包括体适能选拔）为主、心理品质筛选为辅，转变为二者并重。这种转变一方面来自第五代战斗机（F-22A 和 F-35A 为主）对飞行员心理素质和综合能力的要求明显提高，另一方面反映出外军在军事飞行人员选拔理念上的变化。

3. 选拔的综合性提升

综合来看，外军飞行人员心理选拔大部分包含了 3 个方面：综合素质和能力评估、心理结构和能力结构测试以及特殊环境心理测试。

（1）**综合素质和能力评估**。美国空军招收飞行学员注重综合素质评估，不仅重视对学

员飞行能力的测试，还注重选拔具有知识型、管理型素质的飞行学员。强调多人合作、共同完成作战任务，利用团队合作避免个人决策失误，从而积极地避免危机与错误。在综合素质测试中还特别强调组织领导能力，注重组织领导潜能评估。Chappelle 等人（2012）的报道将综合标准化心理测试（包括认知与人格）与体适能测试结合，利用一系列统计学判别方法建立效能预测模型，其中包括体适能变量、认知能力变量与人格特质变量。这种多变量分析研究方法是选拔适合在严苛条件下执行特殊任务人选的基础方法，弥补了传统选拔方法只考虑体适能以及认知方面的考核而忽略人格特质的不足。

（2）**心理结构和能力结构测试**。飞行员的信念、动机、战斗精神、独立性和进取心等心理因素是成功完成空中打击作战的必要条件，而优秀的飞行员需要具备优秀的心理结构和能力结构。心理结构和能力结构与个体的先天因素有关，如个性、智商、注意控制力、认知能力及应激能力等，有的个体可以通过训练得到改变或提高，而有的则无法改变或提高，所以外军在飞行人员选拔中很重视对心理结构与能力结构的测验与筛选，除生理、心理素质要求外，还更加突出对候选人员的结构素质和天赋（aptitude）的要求。

（3）**特殊环境心理测试**。军航飞行员在任务执行过程中常面对缺氧、疲劳、高压、恶劣环境等，这些特殊环境会引发高水平的应激反应，外军已有多项关于此类特殊环境下的心理测和应激能力评估方面的研究。如高压力下人体内特定的血液生化标志物和生理过程研究，发现了不同蛋白表达分值和压力耐受之间的关系（Cooksey et al.，2009）；人格人性"韧性"（personality trait "resilience"）与健康关系的研究（Taylor et al.，2010）；过载条件下认知功能评估系统（G-performance assessment simulation system，G-PASS），对特定过载条件下认知功能的下降程度作出评估等（O'Donnell et al.，2003）。

4. 多技术进行效果验证

美国空军应用多元数据分析技术验证和分析飞行学员选拔方法（pilot candidate selection method，PCSM）的效能。该研究应用权重回归的方法对空军军官资格考试的飞行候选人员综合得分、飞行小时数以及 5 种基本特性测试的综合分数进行总评估，该研究还用多层感知器神经网络技术和辨别分析技术开发了两种独立模型，用线性回归和逻辑回归两种方法，对现行 PCSM 权重改变的可能性进行线性回归分析，以及应用独立测试集来评估权重和独立模型的效能。美国海军还应用多元回归和逻辑回归对飞行人员选拔测试结果进行测试分析，评估不同组之间的飞行训练结果。此外，美国空军利用荟萃分析方法对反应、能力、知识、行为等 16 项训练效果进行研究，认为这种方法对于客观评价训练结果非常有效。瑞士空军在选拔飞行员的过程中，应用了弗莱施曼（Fleishman）的人的工作绩效分类分析法，而在数据评估时采用了一个以加权贝叶斯网络为基础的概率模型，以保证评估的客观性。上述研究的共同点是飞行人员选拔与鉴定，不是仅局限于某些常规心理素质测试与筛选，而是着眼于综合素质的测试评估，并利用数理方法和技术分析方法力图排除主观因素的干扰，增强测试评估的客观性。

总体来看，外军飞行人员心理品质选拔发展水平高于民航，表现在心理选拔得到高度重视，不断修订完善综合素质和能力测试系统，突出人格品质特征选拔测试，应用新技术进行客观循证验证（张凌　等，2013）。

2.5.2　民用无人机驾驶员心理选拔与评估

民用无人机行业在我国发展迅速，但是无人机驾驶员心理选拔与评估基本上呈现空白状态。

无人机（unmanned aerial vehicle）是无人驾驶飞机的简称，是利用无线电遥控设备或者自身所携带的计算机程序控制装置来操纵的一种飞行器，包括无人直升机、固定翼机、多旋翼飞行器、无人飞艇、无人伞翼机等，可以在无人驾驶的条件下完成复杂的空中飞行任务。无人机具备诸多有人驾驶飞行器不可比拟的优点：有良好的飞行能力，体积小、重量轻、携带方便；智能化程度较高、易于操作、可执行高危任务，或在不良气候条件下执行各类紧急任务；造价相对低廉。因为这些显著的优点，无人机被广泛应用于航拍、游戏、政府公共服务等领域，应用前景非常广阔。2014 年 4 月，中国民用航空局发布了《关于民用无人驾驶航空器系统驾驶员资质管理有关问题的通知》，但至今尚没有无人机驾驶员的心理选拔与评估的相关要求及标准。这是一个崭新的领域，未来如果要进行无人机驾驶员的心理选拔与评估，有如下问题需要在评估中进行考虑。

（1）与传统的飞行器相比，无人机与驾驶员在空间上是分离的，驾驶员对无人机的操控和感知以及相应的反应都和传统飞行器很不一样，因此，信息的输入、处理、反应等环节的分离适应性是心理选拔和评估首先要考虑的问题。

（2）无人机驾驶员可能参与紧急救援、消防等高危行业作业，通过操控平台能够观察到有人航空器到达不了的区域，对现场情况有更切身的体会，如犯罪现场、火警现场、灾难现场等，无人机驾驶员通过操纵平台将感受到强烈的视听刺激，认知和情感卷入大于传统的有人飞行器驾驶员，可能会承担更大的道德压力和责任压力，因此，无人机驾驶员的个性特征，如适应性、抗压性等，也应是选拔的重要组成部分（Chappelle et al.，2011）。

2.5.3 新技术与设备应用前景

近年来，研究者已经不局限于通过传统测量法和行为实验法来研究个体心理，脑成像技术和基因测序技术等为研究者提供了更为多样化的手段（张凌　等，2013）。例如，已经有大量研究证明个体在静息态的脑功能连接与个体的人格特质（Kong F，2018；Kong R，2018）、认知能力（Liu et al.，2018）、决策及行为倾向（Tavor et al.，2016）高度相关。美国空军利用功能性磁共振成像（functional magnetic resonance imaging，fMRI）预测疲劳易感性，7 位受试者的初步试验结果表明，斯腾伯格工作记忆任务（Sternberg working memory task）能力和空间工作记忆任务（spatial working memory task）能力均与全脑激活（global cerebral activation）水平、左后顶叶皮质激活（left posterior parietal cortical activation）水平以及左背外侧前额叶皮层激活（left dorsolateral prefrontal cortical activation）水平呈负相关，据此可以推断，在 fMRI 测试时脑激活水平低的个体容易发生疲劳。Souvestre 等报道，fMRI 测试脑激活水平的方法用来验证生物光子学疗法对脑中枢感觉 - 运动控制（central sensory - motor controls，CSMC）性能损伤的恢复程度，并用于航空医学案例评估，为研究飞行中失能（inflight incapacitation，IFI）倾向的预测模型提供了可行的技术手段。上述试验为选拔飞行员和飞行员状态鉴别提供了新的尝试。

2.5.4 飞行员心理选拔的未来发展趋势

未来，飞行员心理选拔更关注反应风格而非飞行技能。近年来，有研究者认识到，顺利完成飞行任务，保障飞行安全的核心不仅仅是飞行技能，更重要的是在团队情境下的反应模式，如交流、团队协作、决策等，在这种理念的基础上，Hunter 等人（2003）制定了情境判断测验（situation judgment test，SJT），检测个体差异和个人能力结构，评价个体在管理中的洞察力和判断力，以及人际技能方面的潜能。而 Sternberg 等人（1995）所开发出来的与 SJT 具有很大相似性的"潜在知识测验"（tacit knowledge test），也被应用到了飞行员选拔测试系统中，从本质上考察了处理和解决工作中各种职业问题所涉及的实践智力或社会智力。在借鉴 SJT 技术的基础上，Hedge 等人（2000）开发了评估机组成员反应风格的情境测验（situational test of aircrew response styles，STARS）——机组资源管理（crew resource management，CRM）技能测验。这套 CRM 技能测验的建立旨在考察飞行候选人在问题解决、决策、复杂情境中的反应方式、沟通能力、机组管理能力和人际交往有效性等 CRM 方面的特质。

　　未来的心理选拔会进一步分层、分级化。未来的军航及民航队伍中必然包括更多女性，她们将与男性飞行员在同一水平上竞争，也可能驾驶各类机型。未来的飞行器操控者将会面对不断变化的情境或敌人。由于国家及政治组织起起落落，导致战争和战争机器也会不断变化。战斗员的认知能力和人格构成需要随着敌人和技术的变化而做出相应改变。无人机和先进的飞行器，以及快速变化的区域性爆发的全球核威胁，都会给操作者的心理带来独特的挑战，心理专家将被赋予帮助飞行员和决策者适应快速变化形势的任务。民航正在探索单人制座舱或无人制座舱，一旦取得突破，传统的飞机驾驶舱将产生翻天覆地的变化，仅有一名驾驶员的飞行器或在远控中心操作飞行器的飞行员，其心理上的变化也是前所未有的，并将彻底引发民用航空运营伦理方面的巨大争论。随着将更多的资金投入到每一架飞机和其执行的任务中，我们也将获得更多关于人这个操作者的信息并从中获益，不论这个人是飞行员还是虚拟或现实环境中的操作员。

　　总体来看，世界范围内的飞行员心理选拔不断发展，新技术和新理念逐渐成形，反观国内，尤其是民航飞行员心理选拔，尚停留在统一标准、工具和程序的初级发展阶段。

参考文献

鲍德罗夫 B.A., & 时勘. (1986). 苏联飞行员的心理选拔. 心理学动态, 4(4), 31-37.

Boring, E. G. , 周先庚, & 陈汉标. (1932). A history of experimental psychology. *Tsinghua Science and Technology*, *149*(2), 962.

Backman, R.A. (1918). The examination of aviators. *Naval Medical Bulletin*, *12*.

Chappelle.W, Thompson.W, & Hayden.R. (2012). Combat controller(CCT) and tactical air control party(TACP) assessment and selecton: the "right stuff". *Aviat Space Environ Med*, *83*(3).

Chappelle, W. ,Mcdonald, K. , & Mcmillan, K. (2011). Important and Critical Psychological Attributes of USAF MQ-1 Predator and MQ-9 Reaper Pilots According to Subject Matter Experts.

Cooksey, A.M, Momen, N. Stocker, R., & Burgess, S.C. (2009). ADA 517048 Identifying Blood Bilmarkers and Phychological Processes That Distinguish Humans with Superior Performance Under Psychological Stress. *PLOS ONE*, 4(12), e837.

Damos, & Diane, L. (1996). Pilot selection batteries: shortcomings and perspectives. *International Journal of Aviation Psychology*, *6*(2).

Flanagan, E. (1941). The reflection of the united states steel corporation in america's industrial drama.

Fleishman, E. (1930). Marvellous Conversion in Russia.

Hoermann, H.J. (1999). 民航飞行学员选拔方法的建立：中德飞行学员能力测验分数的比较. 心理科学, 22(1), 26.

Hoermann, H.J., & 罗晓利. (2002). 中国飞行学员心理选拔方法的建构与评价. 航天医学与医学工程, 15(1), 6.

Hunter, D.R. (2003). Measuring general aviation pilot judgment using a situational judgment echnique. *International Journal of Aviation Psychology*, *13*(4).

Hunter, D.R., & Burke, E.F. (1994). Predicting aircraft training success: a meta-analysis of published research. *International Journal of Aviation Psychology*, *4*, 297-313.

Hedge, J. W. ,Bruskiewicz, K. T. , Borman, W. C. , Hanson, M. A. , Logan, K. K. , & Siem, F. M. (2000). Selecting pilots with crew resource management skills. *International Journal of Aviation Psychology*, *10*(4), 377-392.

ICAO circular.(1989).217-AN/132. International Civil Aviation Organization.

IATA. (2019). *Pilot Aptitude Testing: Guidance Material and Best Practices*. 3rd Edition.International Air Transport Association.

Kaplan, S. , Cortina, J. , & Ruark, G. A. (2010). Oops…. we did it again: industrial–organizational's focus on emotional intelligence instead of on its relationships to work outcomes. *Industrial & Organizational Psychology*, *3*(2), 171-177.

Kong, F. , Ma, X. , You, X. , & Xiang, Y. (2018). The resilient brain: psychological resilience mediates the effect of amplitude of low-frequency fluctuations in orbitofrontal cortex on subjective well-being in young healthy adults. *Social Cognitive and Affective Neuroscience*.

Liu, J., Liao, X., Xia, M., et al. (2018). Chronnectome fingerprinting: identifying individuals and predicting higher cognitive functions using dynamic brain connectivity patterns. *Hum Brain Mapp*, *39*(2).

Martinussen, M.(1996). Psychological measures as predictors of pilot performance: *A Meta-analysis*. *International Journal of Aviation Psychology*, *6*, 1-20.

Neal, & Schmitt. (2014). Personality and cognitive ability as predictors of effective performance at work. *Annual Review of Organizational Psychology and Organizational Behavior*.

O'Donnell, R. D., Moise, S. L., Schmidt, R., & Smith, R. (2003). Measurement and Modeling of Human Performance Under Differing G conditions.

Parsons, R.P. (1918). A search for non-physical standards for naval aviators. *Naval Medical Bulletin*, *12*.

Placidi, T. , & Flandrois, R. (1955). Air sickness. *Medecine Aeronautique Et Spatiale*, *10*(3), 201.

Robertson, I. T, & Smith, M. (2001). Personnel selection. *Journal of Occupational & Organizational Psychology*, *74*(4).

Roscoe, S. N. ,& Couchman, D. H. (1987). Improving visual performance through volitional focus control. *Human Factors The Journal of the Human Factors and Ergonomics Society*, *29*(3), 311-325.

Ru, K. , Li, J. , Csaba, O. , Sabuncu, M. R. , Liu, H. , & Alexander, S. , et al. (2018). Spatial topography of individual-specific cortical networks predicts human cognition, personality, and emotion. *Cerebral Cortex*.

Shappell, S. , Detwiler, C. , Holcomb, K. , Hackworth, C. , & Wiegmann, D. A. (2017). *Human Error and Commercial Aviation Accidents: An Analysis Using the Human Factors Analysis and Classification System*.

Sternberg, Robert, J., Wagner, & Richard, K. (1995). Testing common sense. *American Psychologist*.

Taylor M. K, Adams B. D, Bennett J. E, et al. (2010). Relationships between dispositional resilience and health status in military personnel. *Aviat Space Environ Med*, *81*(3): 276-277.

Tavor, I., Jones, O. P., Mars, R. B., Smith, S. M., Behrens, T. E., & Jbabdi, S. (2016). Task-free mri predicts individual differences in brain activity during task performance. *Science*, *352*(6282), 216.

You, X., Ji, M., & Han, H. (2013). The effects of risk perception and flight experience on airline pilots' locus of control with regard to safety operation behaviors. *Accident Analysis and Prevention*.

常耀明, 肖玮, 苗丹民. (2013). 航空航天医学全书：航空航天心理学. 西安：第四军医大学出版社.

戴琨. (2010). 基于选拔的中国航线飞行员人格结构研究. 陕西师范大学博士学位论文.

盖尔. (2004). 军事心理学手册. (苗丹民, 王京生, 刘立译) 北京：中国轻工业出版社.

皇甫恩, 苗丹民. (2000). 航空航天心理学. 西安：陕西科学技术出版社.

雷蒙德·E.金. (2017). 航空航天临床心理学. (马海鹰译) 上海：复旦大学出版社.

彭兆云, 戴家隽, 杨荣华, 陈国民, 莫闲. (2009). 职业潜水员心理选拔方法及评价.

王若竹. (2009). 欧美飞行员选拔中各种心理测验有效性的综述. 中国民航飞行学院学报(3), 17-21.

武国城. (2002). 军航飞行员心理选拔研究进展. 航空军医, 30(3), 4.

武国城. (2005). 中国空军飞行员心理选拔研究概况. 民航医学, 15(1), 3.

王爱华. (1998). 国外航天员心理选拔的对比与分析. 载人航天信息(2), 7.

晏碧华, 杨仕云, 游旭群. (2012). 飞行员心理健康现状、影响因素及保健措施. 中国民航飞行学院学报(1), 6.

游旭群, 顾祥华, 李瑛, 杨仕云, 赵晓妮, 晏碧华. (2007). 现代航线飞行员选拔进展——基于机组资源管理技能测验的飞行员选拔研究. 中华航空航天医学杂志, 18(1), 5.

游旭群, 姬鸣, 杨仕云. (2014). 民航飞行员心理选拔现状分析. 中华航空航天医学杂志, 25(4), 5.

曾思瑶, 李苑, 游旭群. (2019). 军航飞行员心理选拔面临的问题及对策. 医学争鸣, 10(2), 4.

张凌, 邹志康, 马中立. (2013). 外军飞行人员选拔技术与方法的研究进展. 中华航空航天医学杂志(3), 8.

第 **3** 章

飞行相关的生理问题

　　飞行是一项特殊的职业活动，它的工作环境是实时变化的，对精确性和安全性要求极高。飞行安全在各个国家都是关系国家经济民生的重要议题，近年来，随着飞行设备的稳定性和可靠性的提升，人的因素，尤其是飞行员的因素，成为影响飞行安全的首要因素。以往科学家试图从飞行员的认知特征、人格特质和作风品质等方面对飞行员的胜任能力进行筛选，这些努力有一定的成果，但现有的标准几乎都只涉及行为表现层面，未能深入到个体的生理机制层面，目前，对于飞行相关的生理机制，尤其是高级神经机制的认识来说，尚属于空白。3.2 节从人体神经系统的各主要成分入手，尝试探讨与飞行相关的高级神经机制。

　　此外，飞行环境是一种特殊的环境，与人体熟悉的地面环境有很大差异。其特殊性首先体现在机舱是一个密封系统，它有特殊的气压、气温，并且经常会处在由于飞行运动而导致的失重或过载环境中；此外，机舱在飞行过程中会持续暴露在来自宇宙和机器设备的各类辐射与噪声、振动中。多年的研究发现，随着飞行任务时间的不断延长，这些环境因素对机体各大系统的影响日益凸显。分析近年来飞行人员的疾病谱发现，飞行人员的循环系统和运动系统疾病比例较高，高血脂、高血压及颈椎腰椎疾病最为普遍。3.3 节通过有关文献分析，总结现有的飞行环境对人体生理系统影响的研究成果，为下一步改善飞行环境、降低飞行人员患病率提供依据。最后，3.4 节介绍了飞行疲劳的成因、评定及其管理。

3.1 概论

3.1.1 人体生理系统简述

人体的结构十分复杂,构成人体的基本单位是细胞,由细胞构成组织,组织再构成器官,器官再构成系统。人体解剖学把人体全部构造分成骨骼、肌肉、循环、呼吸、消化、泌尿、生殖、神经、内分泌等系统以及感觉器官。

为了正确地描述人体结构的形态，解剖学上常采用一些公认的统一标准和描述用语。为了说明人体各部结构的位置关系，特地规定了一个标准姿势：身体直立，面向前，两眼向正前方平视，两足并立，足尖向前，上肢下垂于躯干两侧，手掌向前。由此形成了下述空间方位。

（1）上和下：近头侧为上，远离头侧者为下。

（2）前和后（或腹侧和背侧）：凡距身体腹面近者为前，距背面近者为后。

（3）内侧和外侧：是对各部位与正中面相对距离的位置关系的描述。

（4）内和外：是表示与空腔相互关系的描述。如胸（腔）内、外，腹腔内外等。

（5）浅和深：是对与皮肤表面相对距离关系的描述。即离皮肤表面近者为浅,远者为深。

此外，人体常以下述 3 个互相垂直的面予以描述。

（1）矢状面：将人体分成左右两部的纵切面。

（2）冠状面：将身体分为前后两部的切面。

（3）水平或横切面：将身体分为上、下两部的断面。

3.1.2 人类高级神经系统的研究方法

脑是生物亿万年进化到一定阶段才出现的产物，可能是宇宙间最复杂的体系。以视觉系统为例，视觉相关的脑区主要集中在枕叶，但除了枕叶之外，还涉及全脑的很多区域，这些区域组成了复杂的视觉加工系统，它们有各自特定的加工内容，但之间又有密切的联系，没有哪个系统能独立负责所有的视觉信息。

脑这个占身体很小体积的复杂组织主宰着动物和人的意识和行为。它是如何产生感觉、意识、动机和情绪的？如何学习和记忆的？如何控制行为的？如何自我修复和功能代偿的？它在飞行训练和实践中又扮演着怎样的角色？要解决这些问题，首先要了解一下研究人类神经系统的主流方法。

1. 脑电图

人类大脑是由数亿个神经元组成的，神经元加工和传递信息的方式就是动作电位。大脑皮层表面主要由神经元的胞体组成，肉眼呈灰色，故也称为灰质。由于神经元使用电脉冲传递信号，所以当大脑皮层活动时，大量的神经元同时放电，会在头皮表面产生可测量的电磁场，通过信号加强和过滤，就可以得到神经元活动图，能够告诉我们神经元处理工作的忙碌程度。

具体实施时，通常在个体头皮处安放一些金属电极片，数量从几个到几百个不等，电极的位置通常覆盖全脑。被试者在测量过程中保持头部静止。脑电图有静息态脑电图（electroencephalogram，EEG）和事件相关脑电图（event-related potential，ERP）两类。EEG 的获取是在被试者保持清醒、安静，不做任何特定思考的情况下采集的，它可以获取被试者的基线脑电情况，能了解被试者的当前大脑状态，如个体的疲劳程度或者意识的清醒程度等。ERP 的获取是在被试者安装好电极后保持头部静止，同时执行一些任务的过程中采集的，它能获取被试者在加工特定任务时的大脑活动表现。

脑电图的优点是技术成熟、安全，时间分辨率极佳（能达到 ms 级），且设备相对便宜。缺点是空间分辨率差，很难定位到具体的脑区。

2. 正电子断层扫描

神经元在加工和传递信号时，新陈代谢会更旺盛。在工作数秒后，大量携带氧气和葡萄糖的新鲜血液就会聚集于该脑区。因此，通过观察大脑内氧气和葡萄糖的代谢变化，即可推断出大脑的工作情况。

正电子放射断层扫描（positron emission computed tomography，PET）就是利用了该原理。它是侵入式的。实验中，需要事先向被试者注射放射性化学物质，然后进行仪器扫描，观察放射物随血液在脑内分布的情况而推断大脑的活跃情况。

PET 可建立脑部活动的立体影像，空间分辨率高。但它需要人体注射放射性化学物质，对人体有一定伤害，且 PET 设备庞大且昂贵，时间分辨率低。

3. 磁共振成像

磁共振成像是脑部成像之王。它具有极高的空间分辨率（可达到 mm 级），不具有创伤性，且目前尚未发现副作用。磁共振成像扫描在一个大型电磁体中进行，磁场使脑内的氢原子状态改变，使分子共振，在这一过程中收集分子产生的信号。由于人体不同，组织产生的信号也不一致，即可建立脑部解剖结构的三维立体图像。

磁共振成像一般常用 3 种模态，有利用有机体组织的不同磁特性研究大脑灰质结构的 T1 加权像，有利用分子弥散特性研究大脑白质纤维束纤维解剖结构的弥散张量成像（diffusion tensor imaging，DTI），也有利用血氧代谢水平间接反映大脑功能活动水平的功能磁共振成像（fMRI）。被试者在扫描时，需要取下身上所有的金属物品，躺进仪器里，在扫描过程中保持全身静止不动。

磁共振成像的优点是空间分辨率高，时间分辨率为 s 级，对人体无创无伤害。缺点是设备购置和维护费用昂贵，且不能用于体内有金属植入物的个体。

后面文中提到的大多数研究结果都是基于上述研究方法得到的。

3.2　飞行相关的高级神经机制

神经系统最基本的结构和功能单位是神经元。它可以产生神经冲动（动作电位）和传导冲动。一个典型的神经元由胞体、树突和轴突组成。胞体含有各种细胞器，并维持细胞的生命活动。树突在胞体附近反复分支，是信息传入的接收站，功能类似于天线。轴突从胞体向远处延伸，将胞体产生的信息向下一个神经元或效应器传递。轴突的末端与另一个神经元相连接的地方叫突触。

神经元聚集联系形成神经系统。神经系统包括位于颅腔中的脑、椎管中的脊髓，以及与脑、脊髓相连的脑神经、脊神经、植物性神经及其神经节。脑与脊髓借脑神经、脊神经、植物性神经与身体所有器官相联系。整个神经系统根据功能可划分为中枢神经和周围神经。中枢神经系统包括脑和脊髓，它们分别位于颅腔和椎管内。周围神经是联络中枢神经与周围器官的神经系统：其中与脑直接相连的部分称为脑神经或颅神经，共 12 对；与脊髓直接相连的称为脊神经，共 31 对。它们各自都含有感觉和运动两种成分。根据所支配的周围器官的性质不同，周围神经又可分为躯体神经和内脏神经。躯体神经分布于体表、骨、关节和骨骼肌；内脏神经又称为植物性神经或自主神经系统，分布于内脏、心肌、平滑肌、腺体。植物性神经与躯体神经的命名是根据它们所支配的对象而言的。

人体的结构与功能均极为复杂，各器官、系统的功能不是孤立地进行着，内、外环境的各种刺激由感受器接收后，通过神经系统的活动，保证器官系统间的统一与合作，并使机体与复杂的外环境保持平衡。因此，神经系统在机体的一切活动中起着主导作用。

飞行由于其工作性质的特殊性和环境的特殊性，有着其特有的高级神经机制。下面将

逐一阐述与飞行活动相关的生理机制。

3.2.1　脑干

脊髓上行穿过枕骨大孔，与脑干尾端相连。脑干和脊髓属于中枢神经的低级部分，脑干是大脑、小脑和脊髓之间联系的干道。脑干内含有很多重要的生命中枢，如心跳中枢、呼吸中枢等，一旦受损，将危及生命。

脑干的深处散布着大量形态、大小不等的神经细胞簇和神经纤维，统称为脑干网状结构。脑干网状结构是进化上比较古老的结构，它与中枢神经系统各部位均有直接或间接的联系。它的功能主要是参与躯体运动、躯体感觉以及内脏活动，同时在睡眠、觉醒中也具有重要的调节作用。刺激已入睡的猫的脑干网状结构内侧区，猫会迅速觉醒。当损毁中脑被盖中央区的网状结构而不伤及中脑周边部的特异性上行传导束时，动物可进入持续昏睡状态。大量证据表明，上行网状激活系统是维持大脑皮层觉醒状态的功能系统。上行网状抑制系统与上行网状激活系统的动态平衡决定着睡眠—觉醒周期的变化。作为全天候的行业，航空作业环境中的跨时区飞行和夜间飞行都可能会影响相关作业人员的昼夜节律，进而引起飞行员中最常见的睡眠质量差、疲劳感重等现象。

此外，每一种传入刺激在经过特异投射通路到达大脑皮层特异性区域时，都会产生特异的感受，在传输过程中，这些传入刺激都会经过侧支纤维兴奋脑干网状结构，通过它发出的弥散纤维联系使大脑保持唤醒状态。如在飞行过程中，驾驶舱内突然闻到焦糊味，会立即警觉起来（皮层唤醒，脑电去同步化），心情紧张（情绪唤醒，通过网状结构至边缘系统的投射），心跳加快（植物神经系统唤醒，通过网状结构与丘脑下部的联系），肌肉紧张（脊髓唤醒，通过网状脊髓束提高肌张力）。这一系列的全身性应激反应，代表着机体对危险刺激的适应状态。

脑干内有前庭核。前庭系统的感受器在内耳的耳石器和半规管内。它们向大脑报告头部的位置和运动，给我们以平衡的感觉，并帮助我们协调头部和眼部的活动，以及调整身体的姿势。当前庭系统行使其正常功能时，我们往往感觉不到它的存在。但当其功能受到干扰时，会给个体带来不快和不适的感觉，如头晕、恶心等。内耳的前庭感受器的刺激传导至前庭核，前庭核与脑干内的中缝核和蓝斑核有往返的纤维联系，之后，信息会进一步上传至小脑、丘脑和大脑皮层。关于前庭功能的更多描述，见 3.2.3 节的丘脑的相关部分。

3.2.2　小脑

小脑位于颅后窝内，可分为左右两个小脑半球和中间的蚓部。它接收来自脊髓、前庭和大脑皮层等处传来的各种信息。

小脑的功能主要与维持身体平衡、调节肌张力并协调由大脑皮层所控制的随意运动相关。它参与运动的调控，但不参与运动的启动。在正常状态下，参与运动的各个肌肉按照一定的目的相互配合进行运动，当小脑受损后，这种协调就会受损，运动会变得不平稳。

3.2.3　间脑

间脑的两侧和背面都被大脑半球所覆盖，仅腹部的部分区域暴露于脑的底面。间脑包括（背侧）丘脑、后丘脑、上丘脑、底丘脑和下丘脑。

1.（背侧）丘脑

（背侧）丘脑是间脑中最大的核团，对称地分布在第三脑室两侧，形状大小类似鸽子蛋。丘脑内有大量的神经核团，这些核团之间，以及它们与中枢神经其他各部分之间存在大量的直接纤维联系。

丘脑内部结构十分复杂，可分为以下几个主要核群：前核群、内侧核群、外侧核群、板内核群、中线核群和丘脑网状核。这些核群又可再分为细胞构筑、纤维联系和功能不同的多个亚核。丘脑各核团的纤维联系广泛而复杂。丘脑不仅在其内部各核团间，而且与中枢神经各区域之间存在直接的纤维联系。丘脑与大脑皮质的几乎所有脑叶之间都有往返的纤维联系，这些纤维联系集中通过内囊，再分散投射至半球各皮质区，形成丘脑辐射。

除嗅觉外，其他所有感觉冲动在传入大脑皮层特定区域进行加工之前，都会经过丘脑的相应核团进行中继。同时，丘脑会对这些传入的感觉信息进行一定程度的整合。丘脑可以对触觉、温度觉以及痛觉有粗略的感知。同时，这种感知还伴随着一定的情绪。而大脑皮质的下行纤维对丘脑的功能有抑制作用，能避免丘脑过度活动从而产生感觉过敏。丘脑的腹外侧核和腹前核会接收来自小脑、苍白球和黑质的纤维，并投射至额叶和躯体运动区，从而影响皮层的运动功能。在丘脑后下方有一卵圆形隆起，称为内侧膝状体，是听觉神经通路的重要中继站；其外侧为外侧膝状体，是视觉传导通路的重要中继站。

除了与感觉运动功能相关，丘脑还参与高级心理活动的加工。丘脑的内侧背核、外侧背核、外侧后核和枕核等统称为联络核，它们与丘脑内其他核团联系密切，并与大脑皮质

广阔的联络皮层之间有丰富的往返纤维联系。这些纤维联系使丘脑具备复杂的整合能力，可以参与感觉的精细辨别，以及与意识相关的神经活动。

与飞行相关的一种重要的感觉是前庭感觉。飞行员在执行飞行任务时，其中一项非常重要的任务就是飞行空间定向，即飞行员在飞行中对自身、飞机以及飞行环境的认知，是对当前姿态、地点、空间、时间以及运动的知觉。人长期生活在地面上，利用周围的参照物很容易定向。但飞行环境是一个三维的环境，它和人类习惯的地面活动相比，多了一个维度的运动。在三维飞行空间中，由于受到飞行环境和人自身生理局限的影响，很容易发生空间定向障碍（关于空间定向障碍，详见本书第5章），产生各种飞行错觉。其中，由于前庭器官的局限而导致的错觉占相当大的比重，并且这种错觉一旦发生，飞行员很难不去理会，这种持续性的感觉冲突甚至可以使非常有经验的飞行员都经历极大的压力，筋疲力尽。前庭信息来自内耳的耳石器和半规管，这些信息经由脑干上传至小脑和丘脑，进而投射到包括顶叶—岛叶前庭皮层在内的多个皮层区域，构成"丘脑—皮层前庭系统"（Gurvich et al., 2013）。近年来，神经成像技术的发展使研究人员能够通过电刺激或热刺激来观察丘脑—皮层前庭系统对单侧前庭扰动的反应。临床上，外周前庭神经影像学研究显示，丘脑—皮质前庭系统对前庭扰动有异常反应。

由此可见，丘脑可能参与整个飞行过程中的感知觉组织和加工。但以往在飞行领域对丘脑的研究涉及很少，因此，它的具体作用尚不能明确论定。

2. 下丘脑

下丘脑体积很小，但结构复杂，联系广泛。它位于丘脑下方，紧靠第三脑室壁，通过垂体柄与垂体相连。虽然它体积很小，但它对机体生理功能的影响是巨大的。它的中心机能是维持机体内环境的稳定及维持个体生存。它参与调节机体的能量代谢，调节水与电解质平衡，调控及协调生殖、生长、发育、应激反应、睡眠与觉醒、体温与免疫等功能。由于下丘脑按照脑的指令整合躯体和内脏反应，因此，下丘脑的一点小小的损伤就会产生严重的、甚至是致命的机体功能的广泛损害。

每侧的下丘脑分为3个区：外侧区、内侧区和室周区。

室周区紧靠第三脑室。其中一组细胞构成视交叉上核，位于视交叉的上方，它们直接接受来自视网膜的神经支配，起着协调明暗交替和昼夜节律的作用。另一组细胞调控自主神经系统，调节支配内脏器官的交感神经和副交感神经的传出冲动。第三组细胞是神经分泌神经元，其轴突向下朝垂体柄延伸。它分泌催产素和加压素（也叫抗利尿激素）。加压素可以调节血容量和氯化钠浓度。此外，下丘脑通过视上垂体束和室旁垂体束与垂体前叶直接相连。这些纤维在兴奋时可向血管周围间隙释放促垂体前叶释放激素或抑制激素，经由下丘脑—垂体门脉系统运输到垂体前叶，分别调控相应的垂体激素分泌进入血液，进而影响外周组织及器官的功能活动。垂体前叶的细胞合成和分泌多种激素，主要作用于性腺、甲状腺、肾上腺和乳腺。为此，垂体前叶被描述为机体的"主控腺体"，它的功能主要受下丘脑的调控。

下丘脑的室周区除了调节血液中的激素外，还参与自主神经系统的功能。自主神经系统是广泛分布于内脏器官的相互连接的神经元网络，它主要支配 3 种组织：腺体、平滑肌和心肌。下丘脑外侧区和后部与交感神经的功能密切相关。这些区域受刺激时，会出现外周交感神经功能亢进，如瞳孔散大、竖毛肌直立、心率加快、血压升高、呼吸加快等表现，这些反应常出现在应激反应中。在下丘脑的前部和内侧区有副交感神经控制区，刺激这些部位可引起迷走神经及盆神经中副交感成分的活动，表现为心动过缓、外周血管扩张、消化道管壁张力增加与运动增强等，这些反应常出现在有机体处于安静平和的时期。在整个应激过程中，我们的内部各种活动发生了急剧的变化。自主神经系统不像躯体运动系统那样迅速准确地调动骨骼肌，它的作用是广泛且时间较长的。

下丘脑视前区内有对温度敏感的神经元，可对血液的温度变化产生应答。哺乳动物为维持生命，就要求体温和血液成分（血压、血盐、血酸、血氧和血糖等）只能在很小的范围内波动。下丘脑能根据外界环境的变化，对体温和血液成分作相应的调节。例如，当你感觉很寒冷时，下丘脑会发出指令，让你打寒颤（肌肉产生热量）、身体发紫（血液离开寒冷的体表以保存热量）。体温的调控与机体的睡眠、觉醒，以及昼夜节律等也有密切关系。此外，下丘脑内的视交叉上核直接参与调控睡眠与觉醒。损毁视前区可引起大鼠失眠，而电刺激该区可引起慢波睡眠。损毁下丘脑尾部可引起嗜睡。

人体的昼夜节律主要是为了适应地球因自转而形成的大致 24 h 为一周期的明暗节律。而在民航领域，跨时区飞行或夜间飞行，可能引起个体的内在生物节律与外界的明暗自然节律不匹配，从而产生个体的昼夜节律改变。这种情况如果长期累积，则可能出现个体的昼夜节律紊乱，产生睡眠障碍、注意力下降甚至抑郁等异常。正常人一天的体温变化有一定的节律性，一般凌晨 6 点左右体温开始升高，而在晚上 10 点左右开始降低，这样的变化与外界自然环境对人体的要求是一致的。当体温升高时，人脑变得清醒，以便于高效工作；当体温下降时，人脑变得疲惫，准备进入睡梦。而当个体处于节律紊乱状态时，其内部生物节律，如体温、激素分泌水平等，和外界自然环境变得不同步，从而导致该清醒的

时候不够清醒，而该入睡的时候又迟迟无法入眠。当一个飞行员执行夜间飞行任务时，工作要求他集中精力，认真工作，但其体内固有的节律却仍然处于夜间模式：相对低的体温、处于休眠状态的消化系统等，这会导致夜间飞行的个体注意力集中状态不佳，工作效率低下，事故率也较高。当飞行员执行完夜间飞行任务，需要休息补充睡眠时，此时往往正是白天，人体的体温正处于上升阶段，头脑自然会变得活跃。因此，熬夜后的白天补充睡眠，其睡眠质量往往较差，飞行员普遍反映疲劳感十分严重。跨时区飞行也会带来类似的效果。

长期的节律紊乱可能会造成飞行员出现睡眠障碍、内分泌失调，最终导致严重的疲劳感。昼夜节律失调可能会引起生理的代谢异常。有研究发现，长期昼夜节律失调会显著减少皮质醇激素的分泌，而短期昼夜节律改变则会使胰岛素的分泌增加（Spiegel et al.，1999）。一项持续 5 天的睡眠剥夺实验发现，受试者的胰岛素敏感性大约降低了 24%（Melo et al.，2016）。节律失调也可能会引起其他的生理功能改变，如过量的能量摄入，自主神经活动紊乱，或炎症因子的表达等。

3.2.4　大脑半球

大脑包括左右两个半球，覆盖半球表面的灰色层是大脑皮层，也叫灰质；皮层深部是白色的，也叫白质。在两个半球的白质内，存在有侧脑室和皮层下中枢——基底核。

大脑半球表面有许多深浅不同的沟，沟与沟之间隆起的部分称为大脑回。大脑表面被几条主要的沟分为 5 个脑叶——额叶、顶叶、颞叶、枕叶和岛叶。随着大脑皮层的高度分化，有机体的各基本机能系统，如运动、躯体感觉、视觉和听觉等在大脑皮层都有各自的调控中心。一般认为，枕叶和颞叶的功能主要是接收和整合来自客观环境的信息，主要是视觉和听觉，顶叶主要接收和整合来自躯体感觉的信息，而额叶则是接收和整合来自枕叶、颞叶和顶叶的信息，并产生意识等高级心理活动。现分述如下。

1. 基底核团

基底核，也叫基底神经节，位于大脑基底部，主要包括尾状核和豆状核（壳核和苍白球）。它是大脑皮层—丘脑—大脑皮层这一复杂神经环路的重要中间站，它的作用与运动调控有关。其病变主要与运动相关，如帕金森病、亨廷顿舞蹈病等。

基底核的传出神经纤维大多到达皮层感觉运动区、运动前区和前额皮层，这意味着基底核的功能涉及运动计划，特别是涉及将若干单关节运动组合为复杂运动，或将各种感觉刺激、记忆储存信息转换成合适的运动反应。基底核团在控制微小的自发运动和眼球运动中都占有十分重要的位置。尾状核和壳核也是基于环境的运动决策（例如：对于一个给定动作，是否需要以及何时需要对其做微小修正）的核心脑区。尾状核在启动眼球扫视运动中有重要作用。在飞行的起飞和降落阶段，飞行员的眼球扫视策略非常重要。有研究发现（Causse et al.，2011），在目视进近过程中，有经验的飞行员的注视点更多，并且在每个注视点停留的时间更短。在进入跑道后，专家飞行员有非常清晰的眼球扫视路径，在跑道瞄准点和空速表之间来回切换，而新手飞行员的眼球扫视路径则显得混乱。由此可见，基底核团，尤其是尾状核，对于飞行准确安全着陆的决策是十分重要的。

在一项飞行员参与的实验中（Adamson et al.，2014），飞行员依照其飞行经历分为专家组和普通组。被试者在磁共振仪器扫描的同时，进行模拟飞行的降落任务，降落条件分为低能见度和高能见度两类，飞行员需要根据气象条件决定是否降落。结果发现，在决策中，专家组的准确率更高，同时，其双侧尾状核的激活水平更低。这意味着专家组的尾状核的工作效率更高。

2. 躯体感觉区与躯体运动区

躯体感觉使我们的机体有触觉、痛觉、温度觉，并知道身体的各部位正在做什么。躯体感觉处理的中枢在大脑皮层的顶叶，主要位于中央沟后侧，称为中央后回，从中央沟的深部扩展至整个中央后回以及旁中央小叶后部，它接收来自丘脑腹后核的传入投射，有精密的定位投射关系。身体各部位在此区的投射具有上下颠倒但头部正立、交叉对侧投射的特点。身体各部位在此区的代表区的范围大小与感觉的灵敏度有关。中央后回受损后，对机械刺激的辨别力减退，触觉、手指和四肢的位置觉发生障碍。

中枢运动控制系统是以等级方式构成的，端脑处于最高水平，脊髓处于最低水平。大脑的联合皮层和基底神经节属于运动控制的最高水平，它们负责运动的战略层面，确定运动的模板和达到模板的最佳运动策略。中间水平是躯体运动区和小脑，它们负责运动的战术，即肌肉收缩的顺序、运动的空间和时间安排，以及如何使运动平滑而准确地达到预定的目标。运动控制的最低水平以脑干和脊髓为代表，负责运动的执行，即激活运动神经元和中间神经元，并对姿势进行必要的调整。

感觉和运动是人和外部环境进行交互的重要过程，飞行员能够顺利飞行的前提是能够准确感知飞机的运行情况和外界环境的实时变化，并能及时正确地进行决策并执行相应的操作行为。飞行员为了获得飞行技能，需要经过长期的训练，训练其对飞行和外部环境的感知能力，以及对飞行的操纵能力。这可能会导致飞行员的感知运动功能得到一定的强化。

在美国军方的飞行训练和空战模拟中，均使用了心理运动能力的相关测量方法。他们发现，心理运动能力对飞行技能的塑造有着不可替代的作用。飞行员在不同的环境进行不同的飞行操作时，均需能够较快速地作出相应的解决措施。并且，性能越复杂的飞机，对飞行员的心理运动能力的要求越高。各种心理运动功能在飞行员进行飞行任务的不同阶段均有着重要的作用。

为此，在中国民用航空飞行学院的一项研究中，采集了飞行员和地面对照组的静息态磁共振成像数据，专门考察了两组被试者的感知运动网络（包括中央前回、中央后回和辅助运动区等）的基线功能状态的差异。该研究使用基于 MATLAB 的 GIFT 软件，用独立成分分析的方法筛选出感知运动网络，并进行了组间比较。结果发现，飞行组的感知运动网络的基线功能强度显著增强，主要表现为右侧的中央后回的功能连接性显著增加。这一结果表明，飞行训练这一经历可能与个体的感知运动网络的功能有显著的相关关系。但这一关系是原发的还是由训练导致的，还需要更多的后续实验验证。

在另一项考察滑翔机飞行员的大脑灰质结构的研究中（Ahamed et al.，2014），研究者对比了 15 名滑翔机飞行员和地面控制组的大脑灰质概率密度值，结果发现，飞行员组在运动前区和辅助运动眼区的灰质概率密度有显著的增加。以往研究发现，运动前区多参与对物体的抓取和操纵，并与运动的学习相关。而辅助运动眼区的功能则主要与眼球运动，如视觉追踪等功能相关。相比大型运输航空器而言，滑翔机的飞行对操作者的手眼协调运动能力要求更高。飞行员需要对多感觉通道得到的信息进行整合并实时监测。滑翔机飞行员在长年的职业生涯中不仅锻炼了自己的相关能力，还可能最终导致大脑结构发生了稳定的变化。当然，这一结论也需要更多的实验验证。

3. 视觉区

我们对周围世界的感知取决于视网膜所提取的信息，以及中枢神经系统其他部分对这些信息的分析和诠释。视觉通路包括丘脑的外侧膝状体和初级视皮层。外侧膝状体将视觉信息根据其特性分为几个相互分离的并行通路，传递到初级视皮层后再将这些信息送到颞叶和顶叶的数十个不同的皮层，由这些特化的区域对不同类型的信息进行分析。

初级视觉区位于枕叶内侧面距状沟的两侧，又称为纹状皮层或 V1 区。该区神经元的排列大致可以分为 6 层，每一层都有特定的功能。视觉系统中主要有两个相互平行的通路，其中，大细胞通路始于视网膜的 M 型神经节细胞，这些细胞的轴突投射至外侧膝状体的大细胞层，最终经由初级视皮层的第四层的 Cα 层终于纹状皮层的第四层的 B 层。大细胞通路被认为是特化处理物体的运动信息。小细胞通路始于视网膜的 P 型细胞，并投射至外侧膝状体的小细胞层，然后经由纹状皮层第四层的 Cβ 层最终投射至纹状皮层的第三层。小细胞通路被认为是特化处理物体的形状信息。视觉世界中的每一点都为皮层的有限区域内的细胞所分析。

在一项研究中（徐开俊 等，2020），我们使用了低频振幅的方法，考察了飞行员群体大脑的基线脑功能状态的差异。静息态磁共振成像是通过采集大脑在静息状态下的血氧饱和度信号来间接反映大脑的基线活动水平。磁共振仪器采集的血氧饱和度信号有多个频段，其中的低频部分（0.01~0.08 Hz）被认为是真正反映大脑生物信号的部分。通过获取磁共振信号内的低频部分，计算频率幅值的均值，就可以从能量角度展现大脑具体脑区的神经元活动变化。结果发现，飞行员群体的枕叶的楔叶部分的基线活动水平显著增强，同时，这一增强的趋势与飞行员的飞行小时数正好呈现正相关。此外，枕叶内部（右侧舌回与楔叶之间）的功能连接也呈现显著增强的趋势。

在人类的众多感官中，视觉无疑是其中最重要的一种。对于飞行员这个职业而言，视觉功能显得尤为重要。在前期的体格筛选中，就对视觉有明确的要求。在飞行器的驾驶舱设计中，对于各类仪表信息的视觉可读性也有极高的要求。在整个飞行过程中，飞行员需要实时关注驾驶舱内外的各类信息，尤其是在起飞和降落阶段，更是对视觉条件有极高的要求，如目视条件不佳，则会影响航班的正常运行。由此可见，视觉对于飞行员而言是非常重要的。在长时间的飞行训练中，飞行员的视觉功能得到了极大的锻炼，这可能是我们发现飞行员的视觉处理皮层基线功能活性更强的原因。

4. 听觉系统

虽然听觉和平衡觉具有不同的功能，但它们在结构和原理上却十分相似。我们可以对声音进行检测和定位。平衡觉则向我们提供关于头部和身体位置以及它们移动情况的信息。初级听皮层位于大脑外侧沟深面的颞横回。人体的两个耳朵对两个半球的皮层均有输出，因此，在单侧听皮层受损的情况下，正常听觉功能几乎不受影响。

5. 边缘系统

边缘系统位于大脑半球的内侧面，呈环形围绕胼胝体。主要结构有扣带回、海马旁回、杏仁核、隔核、下丘脑以及背侧丘脑的部分核团。边缘系统在进化上是脑的古老部分，其功能与内脏活动、情绪和记忆等有关。

杏仁核位于海马沟的深处，其纤维联系广泛，接收来自脑干、间脑及皮层发出的纤维联系，并向大脑皮层各处投射纤维。杏仁核被认为与内脏及植物性反应，如呼吸频率、心跳频率和血压升降有关。此外，杏仁核还与愤怒、恐惧等情绪反应相关。切除动物双侧的杏仁核，可导致其恐惧显著减少，并能影响其攻击和记忆。一只切除双侧杏仁核的大鼠会接近一只猫。在人类因病导致的双侧杏仁核损毁的个案中，个体很难识别照片中别人的一些情绪，尤其是愤怒和恐惧的情绪，她甚至无法用语言描述这两种情绪。电刺激完好的杏仁核，会导致警惕和注意的增加。刺激猫的杏仁核外侧部会造成恐惧和暴力攻击的增加。电刺激人类杏仁核，则会导致焦虑和恐惧。

海马结构位于颞叶深处，包括海马、齿状回、海马旁回和下托。它主要与记忆活动相关。在双侧颞叶切除的患者中，个体表现出严重的健忘症，最显著的是个体的顺行性遗忘，他记不住刚刚发生的事情。但对于很久以前的记忆还相对保持较好。更具有特异性的是，个体还能形成新的程序性记忆，但失去了形成新的陈述性记忆的能力。由此可见，海马及其周围的组织对于事实和事件的学习、编码以及相关信息记忆的提取具有重要的意义。它主要与陈述性记忆相关。简而言之，海马帮助我们形成和维持有意识的经验。

以往有研究发现，海马体积会随着密集的训练而改变。在一些对比新手和专家的横断研究中（如出租车司机和新司机），往往发现他们的海马体积存在差异。这可能是由于海马参与了空间记忆和导航定向的加工。在一些纵向研究中，人们更加明确了大量的专业训练与海马体积之间的相关关系，这一关系在音乐家、建筑家、谈判专家和杂技演员中都得到了验证。在一项针对飞行员的纵向研究中（Adamson et al.，2012），共纳入了60名飞行员，并按照他们的飞行资历分为了低、中、高3个水平的小组。结果发现，对于高水平的专家级飞行员来说，其海马体积越大，其飞行操作越好。总体而言，海马体积与专业训练有一定的相关性，但这种关系需要更大的样本进行验证。

6. 前额叶

额叶是从额极向后到中央沟，向下到外侧沟，分别与顶叶和颞叶相邻。额叶约占大脑皮质面积的40%，主要由运动皮质、前运动皮质、前额叶皮质和额叶底面构成。前额叶几乎和所有的感觉系统、运动系统和皮层下结构都有往返的纤维联系，它被认为在个体的目标指向性思维和行为的组织和控制中扮演重要的角色，它的主要作用在于根据个体内在的目标来规划自己的思维和行为。

大脑功能中最让人迷惑的就是认知控制了。这些数以亿计、相互连接的神经元是如何产生有目的、有组织的行为的呢？这一功能通常认为是由前额叶执行的。它是大脑的执行中枢，负责对传入的信息进行加工、整合，并选择适当的行为反应。它的功能涉及注意、知觉、执行功能和情绪等。

在 1848 年，美国一起心理学和神经科学中都非常著名的事故中，我们可以更清晰地看到前额叶的相关功能。一根钢钎穿过了铁路工人盖奇的颅骨，其双侧额叶中下部分和腹内侧区，尤其是左侧前额叶严重受损。事故后，盖奇没有死亡，他的智力和身体功能未受影响，但其情绪和社会性行为有了极大的变化，变得脾气暴躁无常，行为无任何计划和目的，任性妄为。这表明前额叶的功能似乎不涉及具体的行为，而与更宏观的计划和情绪控制功能相关。

具体而言，前额叶在简单的自动化的行为控制（如对突发声音的朝向反应）中并不重要。这些自动化行为是不灵活的程式化反应，它们主要是一种自下而上的加工过程，主要由刺激性质和已有的神经通路所决定（Miller & Cohen，2001）。而自上而下加工中的行为则是由个体内在状态或意愿决定的。人们认为，大脑内的加工是竞争性的：不同的通路携带不同来源的信息，它们之间相互竞争以争取达到行为上的表达，最后能够获得最多资源的信息，在行为上得到处理和表达。前额叶在认知控制中的功能似乎主要是根据个体的目标实时调节大脑工作模式，它为全脑的感觉加工模块、执行功能模块、记忆和情绪评估模块等提供筛选过的信息（Szczepanski & Knight，2014）。

前额叶可以细分为多个亚区（见图 3.1），其中最重要的功能区有背外侧前额叶（DLPFC）、内侧前额叶（MPFC）和眶额叶（OFC）。其功能各有侧重（Crone，2014）。

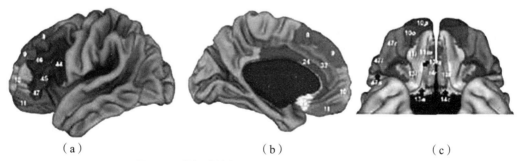

（a）　　　　　　　　　（b）　　　　　　　　　（c）

图 3.1　前额叶的各亚区划分 (Zhou et al.，2015)

背外侧前额叶：8、9 区域的背侧以及 46 区；

腹外侧前额叶：44、45 和 47 区；

喙侧前额叶：10 区；

眶额叶：11、13、14 和 47 区；

内侧前额叶：8、9、10、32、24 和 25 区的内侧面。

背外侧前额叶区域主要与执行控制功能相关，具体而言，与认知任务的选择、监控和操作相关。脑损伤研究发现，该区域受损将影响工作记忆加工、规则学习、计划和注意等心理功能。它似乎具体参与工作记忆任务中的相关刺激的重新整理、转换或追踪，而不仅仅是信息的维持。背外侧前额皮层的脑损伤会导致个体更常出现分心的情况，这会导致注意缺陷。此外，该区域脑损伤的被试者可以执行一个任务中独立的各个片段，但却无法将同样的行为按照时间顺序组织起来，使其成为一个连续的整体。这意味着背外侧前额叶的功能与行为计划和问题解决有关。

内侧前额叶的功能似乎主要与社会认知加工相关（Crone，2014）。社会认知加工包括对自己的理解、对他人的感知、人际交往动机等。该区域的功能分布有一定的规律。大体而言，其前部主要与未来行为的决定相关，即基于预期的价值来决定行为。内侧前额叶的尾部主要与行为相关。越是靠额极的方向，其加工的信息越抽象，多与元认知相关，使我们可以反思我们的行为及其结果的价值（Amodio & Frith，2006）。这一水平的加工在社会认知的很多方面都有很重要的作用，它不但可以让我们思考别人行为的价值和后果，也可以让我们推测别人是如何看待我们的。

眶额叶皮层则负责对进入大脑的信息进行评估，评估其社会和情绪意义，以更好地指导目标导向的行为（Kringelbach & Rolls，2004）。具体而言，眶额叶皮层主要加工奖赏和惩罚信息。大量的神经影像学研究发现，眶额叶皮层的内侧主要加工强化物的奖赏的价值，而外侧部主要涉及刺激的惩罚的评估。此外，眶额叶皮层的前部主要加工复杂或抽象的强化物（如金钱的获得或损失）的信息，而后部主要涉及更简单的强化物（如食物或疼痛）性质的加工。

在飞行活动中，最重要的一项工作就是决策。例如，在降落阶段，当遇到一些特殊情况，比如不稳定进近、跑道上有其他飞行器、有强侧风或风切变的时候，按照安全飞行的原则和手册的要求，飞行员主要执行复飞程序重新降落或备降其他机场。复飞的决策是手册要求的，但具体是由飞行员，主要是机长在当前情况中进行的。一项调查发现（Causse et al.，2011），在雷暴天气下的 2000 余次进近中，有三分之二的机组不顾糟糕的气象条件而坚持落地。这种现象称为计划继续错误（plan continuation error，PCE），它在通用航空运输中也存在，并且贡献了接近一半的事故率。在理想状态下，决策是基于理性事实的，但实际情况中，情绪、价值判断等会以显性或隐性的方式一直作用于决策的整个过程。在一项模拟飞行任务中（Causse et al.，2013），使用金钱作为刺激进行奖励或惩罚，考察飞行员的决策机制。脑影像数据发现，在被试的决策过程中，除了执行控制功能相关的脑区外，情绪和奖赏相关的脑环路也参与其中。这些脑区包括背外侧前额叶、腹内侧前额叶和眶额叶皮层等区域。

此外，近年来，经颅直流电刺激（transcranial direct current stimulation，tDCS）成为了一种新的提升认知能力的方法，它一般是在个体大脑额部通过微弱的直流电刺激。目前研究发现，tDCS 可以显著提升大脑的认知功能，尤其是提升个体的高认知水平的加工，如隐藏图片识别、空间工作记忆、语言习得和运动技能提升等。飞行员工作中需要的很多认知能力，如心算能力、认知灵活性、视空间推理和工作记忆能力，都与前额叶的功能息息相关。一项研究发现（Choe et al.，2016），在对个体的前额叶进行 tDCS 调制后，被试者在模拟机中完成一系列飞行任务时，表现明显更好。在执行任务的过程中，调制后的大脑前额区域的 θ 波活性增强，执行功能表现更好。

7. 网络连接层面的飞行相关生理机制

大脑的运行规律可以从两个基本法则去理解：功能分离（functional segregation）及功能整合（functional integration）。前者指大脑的每一个神经集合（脑区）对应负责一个具体的行为功能，是功能定位的假说基础；而后者则指每一个具体的行为由多个神经集合共同协调完成，可以理解成是脑连接、脑网络的理论基础。越来越多的研究表明，大脑的加工方式在更多时候是以多脑区协作的方式，即脑网络的方式进行的。

大脑的工作状态可以大致划分为静息状态和工作状态。静息状态时，个体不做特定的、目的性的思维加工，让大脑处于一种自在放空的状态，这种状态体现了大脑的基线状态；工作状态时，个体带着特定目的思考，有明确的指向性。研究表明（Raichle & Snyder，2007），大脑在静息状态时消耗全身 60%~80% 的能量，而在工作状态时，大脑的耗能仅仅比静息状态增加 0.5%~1%。由此可见，大脑的静息状态，也就是基线状态，可能就反映出大脑的很多关键特性，它可能反映了人类行为和认知功能的神经基础。

大量研究发现，大脑稳定的存在 3 个主要的大尺度网络，分别是默认模式网络（default mode network，DMN）、突显网络（salience network，SN）和中央执行网络（central executive network，CEN）（Menon，2011）。中央执行网络主要在大脑处于工作状态时呈现显著激活，而在大脑处于静息状态时处于明显抑制状态。默认模式网络主要在大脑处于静息状态时呈现显著激活，而在大脑处于工作状态时处于明显抑制状态。突显网络则似乎是控制两个网络之间切换的转换器，它根据个体的内外状况判断当前进入大脑的刺激是否具有显著性，是否具有进一步加工的价值，以决定大脑此时是 DMN 激活还是 CEN 激活。

鉴于大脑的静息状态的重要性，有必要考察飞行员群体大脑的 DMN 是否存在一些特异性生物标记。

在一项研究中（Chen et al.，2019），我们采集了飞行员被试和年龄性别匹配的对照组被试的脑部静息态磁共振图像，并对比了他们之间的 DMN 属性的差异（见图 3.2）。结果发现，飞行员群体其 DMN 内部的激活程度显著更高，同时，相比地面对照组，飞行员的 DMN 内部连接更加紧密，并且这一趋势与飞行员的飞行小时数呈现显著正相关。

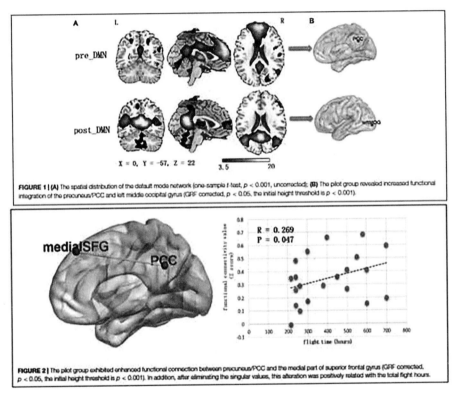

图 3.2　飞行员 DMN 的激活程度和内部链接更强 (Chen et al.，2019)

之后，我们继续分析了 DMN、SN 和 CEN 三大网络之间的关系（Chen et al.，2020），使用主成分分析并结合滑动时间窗的方法考察它们之间的动态关系（见图 3.3）。结果发现，飞行员群体相比对照组，其三大网络之间的联系变得更加紧密，同时，飞行员群体的大脑在不同状态之间的切换频率显著高于对照组。

人类的大脑内随时都充斥着大量的信息，几乎没有大脑内真正一片空白的状态。只要人还活着，大脑就一直在不停地工作和运转，因此，大脑随时都处于动态变化中。对大脑在一段时间内的工作状态进行聚类，可以发现大脑状态可以划分为几种主要的工作状态，不同的工作状态可能对应着个体面临的不同场景和任务需求。在一段时间内，大脑会在不

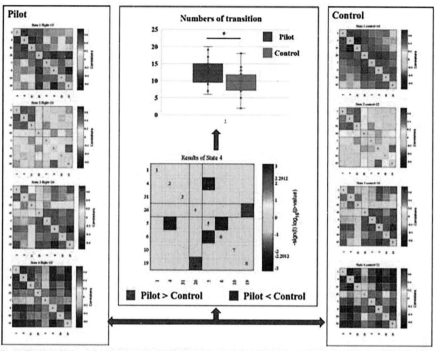

Fig 2. Differences in the dynamic functional network connectivity between groups. The left and right parts represent the median connectivity matrices (centroid) in each group. The middle part represents the group differences (FDR corrected, p < 0.05).

图 3.3　飞行员三大网络之间的联系有改变 (Chen et al.，2020)

同的工作状态之间来回切换，以应对这个动态变化的世界。在这个过程中，就有很多评价指标。我们对大脑状态的研究发现，飞行员群体的大脑更能适应分布式加工方式，并且其大脑在不同工作状态之间的切换更为灵活。这可能与飞行员的工作环境相关。飞行是在一个动态变化的场景中进行的，飞行员需要实时关注多通道的内外环境信息，这意味着他们可能需要在同一时间内同时关注多个来源的信息，并且随时做好应对各种突发事件的准备。这种工作性质要求一个更灵活的大脑。

但飞行员大脑的这种增加的动态特性是源于前期筛选还是源于长年累月的持续工作？这一点还需要更多的纵向研究数据才能得到确切的结论。

3.3　飞行环境对人体生理各系统的病理学影响

飞行环境是一种特殊的环境，与人体熟悉的地面环境有很大差异。其特殊性主要体现在机舱是一个密封系统，它有特殊的气压、气温环境，且机舱在飞行过程中持续暴露于来自宇宙和机器设备的各类辐射与噪声、振动中。此外，由于飞行运动造成的失重或过载都

会对人体有一定影响，而这些影响在一些生理系统中尤为显著。分析近年来飞行人员疾病谱发现，飞行人员的循环系统和运动系统疾病比例较高，高血脂、高血压及颈椎、腰椎疾病最为普遍。这意味着这些系统对于飞行环境更为敏感。以下分别展开论述。

3.3.1 运动系统

运动系统由骨和骨连接以及骨骼肌组成。骨通过骨连接互相连接在一起，组成骨骼。骨骼肌附着于骨，收缩时牵动骨骼，引起各种运动。骨、骨连接和肌肉构成人体支架和基本轮廓，并有支持和保护功能，如颅支持和保护脑，胸廓支持和保护心、肺、脾、肝等器官。运动系统作为人体的一个部分，是在神经系统的支配下进行活动的。

在飞行员的疾病流行病学研究中，腰椎和颈椎疾病的患病率一直位于首位（刘玉华 等，2013；朱俐俐 等，2016）。此外，在近年国内的航空事故中，研究者发现，机组人员的骨折愈合速度显著慢于普通乘客，这提示：长期暴露在飞行环境中可能会影响机体的骨骼系统。通过对比飞行机组人员和地面对照人员的血清骨钙素及血清骨特异性碱性磷酸酶水平发现，飞行人员的两个指标相比地面对照人员均有显著降低（沈海明 等，2006），此外，飞行员的骨密度相比地面人员显著下降（沈海明 等，2006）。这意味着飞行人员的骨代谢水平受到显著影响。飞行人员的颈椎、腰骶部及腿部疼痛是其常见病症，发病率为10%~30%（万梅 等，1999）。进一步研究发现，有腰腿疼痛的飞行员其骨矿物质含量显著下降，血清骨钙素与骨密度均显著降低（于青琳，于文学，2000）。这些研究表明，飞行员的骨代谢水平异常，且这些异常可能与飞行员的各类脊椎和关节疾病相关。

骨代谢过程包括破骨细胞和成骨细胞的骨重建的动态平衡过程（Briot & Roux，2005）。当破骨细胞的骨吸收过程大于成骨细胞的骨形成过程时，会导致骨量减少，进而产生骨质疏松。飞行环境中的宇宙辐射、低压低氧环境及飞行所产生的振动等，会严重影响环境中个体的骨质。研究表明，大剂量的电离辐射对成骨细胞的增殖及分化等各项功能均有显著抑制作用。此外，高频的机械振动也会抑制成骨细胞的活性（Heffner et al.，2017）。而飞机飞行过程中产生的失重或过载则会使机体骨骼受力改变，对人体各关节，尤其是颈椎和腰骶部的骨骼产生重要影响。由此可见，飞行环境会导致飞行人员的骨代谢异常，使其成骨功能受损。此外，飞行中的重力改变会对飞行人员的关节，尤其是脊柱增加压力。在高过载或重复较小过载作用于飞行人员时，其椎间盘承载能力逐渐下降（伍骥 等，2002）。

3.3.2 循环系统

循环是指各种体液（如血液、淋巴液）不停地流动和相互交换的过程。循环系统是进行血液循环的动力和管道系统，由心血管系统和淋巴系统组成。循环系统的功能是不断地将 O_2、营养物质和激素等运送到全身各组织器官，并将各器官、组织所产生的 CO_2 和其他代谢产物带到排泄器官排出体外，以保证机体物质代谢和生理功能的正常进行。如血液循环停止，则机体所有器官和组织将失去氧及营养供应，新陈代谢将不能正常进行，体内的一些重要器官将被损害而危及生命。

心血管系统包括心脏、动脉、毛细血管和静脉。心脏是血液循环的动力器官。动脉将心脏输出的血液运送到全身各器官，是离心的管道。静脉则把全身各器官的血液带回心脏，是回心的管道。毛细血管是位于小动脉与小静脉间的微细管道，管壁薄，有通透性，是进行物质交换和气体交换的场所。淋巴系统包括淋巴管和淋巴器官，是血液循环的支流，协助静脉运回体液入循环系统，属于循环系统的辅助部分。

研究发现，短时间飞行训练可致飞行员的血清甘油三酯、胆固醇一过性降低（徐永波 等，2013）。而长期处于飞行环境中会导致飞行员出现各种慢性循环系统疾病，常见的有高尿酸血症、高脂血症和心脑血管疾病（段世英 等，2016）。多项研究表明，飞行人员的心脑血管发病率很高，且发病年龄早于普通人群（侯方高，2006；李丽 等，2012）。对比飞行员和地面工作人员的血液流变学数据，结果发现，两组的全血黏度、血细胞比积和红细胞压积有显著组间差异（段世英 等，2016）。由此可见，飞行环境会影响飞行员的血液流变学指标，进而增加个体心脑血管疾病的发生率。

血液黏度受血液中红细胞数量的影响。当血细胞压积增加时，血液黏度也会随之增加。实验表明，经低氧暴露 3 min 后，个体的脉搏次数显著减少，血氧饱和度明显降低。飞行环境是低气压、低氧的环境，在低氧状态下，血细胞会聚集，机体血液黏度会增加，会导致血液流通不畅，进而容易出现各种心脑血管疾病。此外，飞机上升或下降过程中产生的过载或失重也会影响机体的心血管循环系统。在过载或失重条件下，人体内的体液，尤其是血液会重新分布，会改变心血管循环系统的各项生理参数，从而引发一系列不良影响。使用数学仿真研究发现，在失重条件下，人体的舒张压与收缩压降低，心室血压升高；而随着重力的增加，动脉压和心率会升高（赵金萍，2014）。因此，目前认为，飞行环境中的低氧和重力变化因素可能是导致飞行人员罹患各类循环系统疾病的主要因素。

3.3.3　免疫系统

研究发现，长时间飞行的航线飞行员，其染色体发生易位的概率大大提升（Yong et al.，2009）。此外，飞行机组成员罹患皮肤黑色素瘤的概率是常人的两倍。通过对比飞行员与相应的地勤人员对照组的外周血免疫球蛋白（IgA、IgG 和 IgM）和补体（C3、C4）水平发现，在飞行早期，飞行员的各类免疫指标尚无明显变化；随着飞行小时数的增加，飞行员被试的各类免疫指标发生普遍改变，其 IgA、IgG 和 IgM 水平降低，而 C3、C4 水平增高，且变化水平与飞行员的飞行时间呈现相关趋势（晏雪婷，2016）。这提示，随着飞行时间的增加，长期累积效应会造成免疫系统损伤。

人体中的淋巴细胞是对辐射敏感的细胞，而染色体是对辐射最敏感的细胞结构。当染色体受损时，会在胞浆中形成微核。研究表明（晏雪婷，2016），低剂量的宇宙辐射即能引起飞行人员的微核增多，提示其遗传学指标发生变化。进一步对比飞行人员和地面对照人员的外周血淋巴细胞微核率发现，两组被试者间微核率差异显著，且飞行人员的微核率与飞行小时数呈线性相关，经过一个月的休假后则有一定的恢复。这些结果表明，飞行中的辐射能引起飞行人员遗传学指标的变化，且这种变化存在一定的可逆性。

飞行员在飞行过程中长时间处于飞机头部，暴露在玻璃窗下的时间较长，受到的高空电磁辐射较多。自然界存在的辐射主要是宇宙射线，人工辐射主要是机载雷达和大功率机械电子设备等（晏雪婷　等，2015）。高空宇宙辐射强度显著高于地面。其强度随着海拔高度的增加而呈指数形式的增强。现代喷气式客机巡航高度为 8~12 km，其飞行人员接受的年平均宇宙辐射有效剂量约为当地居民人均年宇宙辐射剂量的 5 倍以上（Scott & Lyons，1979；张涛　等，2005）。对空域及航线的宇宙辐射剂量进行测算发现，飞行人员年吸收宇宙辐射剂量显著高于地面人群。宇宙射线对有机体的影响可能是通过直接击中生物大分子，破坏分子结构而实现的。国际放射防护委员会于 1990 年将喷气式飞机机组人员列为职业受照人群。随着飞行时间的增加，机体受到的辐射剂量逐渐累积，进而损伤免疫系统。频率在 300 MHz~300 GHz 的电磁波是微波。人体的免疫系统对微波辐射较为敏感。有机体的免疫系统通过识别危险信号以引起免疫应答，进而执行免疫效应，维持机体的自身稳定。以往研究表明，每天一小时、持续一个月的全身微波辐射会显著影响小鼠的特异性和非特异性免疫功能（张文辉　等，2005）。小鼠经微波长时间辐射后，其 NK 细胞活性显著降低，白细胞、淋巴细胞计数逐渐降低，脾脏出现明显损伤，提示其免疫功能受损（鲍建芳　等，2001）。因此，长时间的飞行工作导致飞行人员接受各类辐射剂量的累积，进而损害机体的免疫系统。

3.3.4　生殖系统

生殖系统由生殖器官组成，人和高等动物的生殖器官按解剖位置可分为外生殖器和内生殖器，按功能可分为主要性器官（主要生殖器官）和附属性器官（附属生殖器官）两部分。主要性器官又称性腺，女性为卵巢，男性为睾丸。女性附属性器官包括子宫、输卵管、阴道、外阴部等。男性附属性器官包括附睾、输精管、精囊腺、射精管、前列腺、阴茎等。

精子是人体分裂最迅速的细胞之一，很容易受到环境因素的影响，对温度、有害气体和辐射等较为敏感。长期处于飞行环境下会导致精子凋亡率显著增加，这是飞行人员生殖系统功能受损的直接表现（胡海翔　等，2014）。精子形态是评价精子功能的重要依据之一。研究发现，经过长时间的飞行，飞行人员的精子形态出现异常，有头部异常、顶体异常和尾部异常（胡海翔　等，2013）。空泡精子的产生说明飞行环境对飞行人员的部分精子遗传信息造成了一定的损伤，导致遗传信息改变或缺失。顶体结构异常可能影响精子的穿透力，最终不能与卵子结合。而精子尾部结构异常则可能影响精子的运动功能，使受孕率下降。在飞行环境中，个体体内的活性氧基会增加，机体处于氧化应激状态，这会增加精液中的氧自由基，引起精子 DNA 不同形式的损伤，从而导致精子形态异常和活力下降（李文杰　等，2014）。飞行环境不仅影响精子活力，还可能导致飞行人员子代性别比率失衡（Okumura et al.，2003）。

飞行环境对生殖系统的影响是可逆的。在脱离飞行环境 7 天后，机体精子活力参数显著提升（罗少波　等，2013）。飞行人员在工作期间，其不孕不育概率增加，而在脱离飞行环境 1~2 年后，自然受孕率显著增加（Kumar et al.，2003）。

3.3.5　消化系统

消化系统由消化管和消化腺两部分组成。消化管包括口腔、咽、食管、胃、小肠、大肠和直肠。消化腺包括口腔大唾液腺、肝、胰及消化管壁内的小腺体，如胃腺、肠腺等，它们均借排出管道将分泌物排入消化管腔内，对食物进行化学性消化。

调查发现，飞行人员功能性消化不良发病率高达五分之一（王萍　等，2015）。功能性消化不良是指在餐后饱胀不适、上腹痛或有灼烧感，但又无明显器质性病变的临床综合征。

虽然现在飞机多采用密封增压座舱，但在高空飞行时，舱内的气压和氧气含量仍属于较低水平。以往研究发现，当有机体进入低压、低氧状态时，恶心和食欲减退等胃肠道症状为最常见的症状，其发病率高达 62%。人体中的下丘脑参与食欲调节。动物实验表明，当机体处于缺氧状态时，下丘脑很容易受到影响，进而抑制摄食中枢，使机体食欲减退。此外，机体在缺氧环境下，自主神经系统中的交感神经兴奋，副交感神经抑制，血液中的一氧化氮浓度升高，进而导致胃肠蠕动减弱，食欲减退。噪声污染也会影响消化系统。噪声可能会引起机体的应激反应，导致肾上腺素和去甲肾上腺素分泌异常，降低消化系统的内分泌功能。飞机客舱内气体源于压缩舱外的大气，而空气湿度随着海拔高度的上升而下降。因此，高空中座舱内的空气湿度很低。人体在低湿度的环境中暴露一定时间后，体内的水分会蒸发，从而引起各消化腺体分泌减少，消化功能减弱。

3.3.6 神经系统

考察高级神经系统发现，飞行员的脑白质高信号检出率高于普通人，且高信号脑区的体积会随着飞行时间的增加而增大。国外研究发现，飞行员脑白质高信号脑区数量是普通人的 3 倍，体积是普通人的 4 倍，且分布更均匀（孟彩丽 等，2016）。有学者认为，这可能是由减压导致的轻微脑损伤引起的。另有研究发现，微波辐射可能导致小鼠神经细胞凋亡（Zuo et al.，2014），这意味着这种脑损伤也可能与飞行员受到的辐射有关。

综上所述，飞行环境会影响人体的各大系统功能，造成可逆或不可逆的损伤。这主要与飞行环境的低压、低氧、高噪声和持续的辐射因素有关。作为一项特殊的职业，飞行人员要执行长时间、高压力的飞行任务，承受飞行环境中的各种不利因素。考察飞行员独特的职业环境特点及其对有机体的影响及可能机制，从而为建立相应的缓解方法提供一定的参考依据，对于我国未来中长期航空任务的顺利完成十分必要。

3.4 飞行疲劳

2010 年 1 月 25 日，埃塞俄比亚航空 409 号航班起飞后不久便失事坠毁，共造成 90 人遇难。事后查看飞行数据记录仪，数据基本都处于正常值。空管员的指挥也无可挑剔。排除所有不可能发生的事情，剩下的就是真相。通过对驾驶舱语音记录仪的分析发现，飞行员多次提到"疲劳"。通过查看出勤表发现，机长在两个月的时间内几乎没有得到充分的休息。飞行员由于太过疲劳，混淆了他们的操作方式，以至于不能修正一些小问题。这是典型的飞行员失能案例。

近年来，随着经济的不断发展，民航运输业也同样取得了显著的成效。由于航空业需要 24 h 不间断的工作，以满足长航线、区域航线、过夜货航等业务需求，因此，夜班、轮班以及反复倒时差，是航空业必然的组成部分。随着航班数量的持续快速增长，由轮班工作和跨时区长途飞行导致的飞行员疲劳现象也越来越严重。根据国际民航飞行事故统计，有 4%~8% 的飞行事故与飞行疲劳有关。一份由 1488 名航空公司机组成员参加的调查显示，有 61% 的人承认生理疲劳和心理疲劳在运营过程中经常发生（林岭，张燕，2015）。当疲劳发生时，行为准确性下降，动作协调性受到破坏，反应时间延长，同时，判断失误增多。飞行员心理疲劳问题既是飞行安全的主要隐患之一，也是困扰航空界的主要学术疑难问题。

国际民航组织在第 9966 号文件中对疲劳的定义：由于睡眠不足、长时间保持清醒、所处的昼夜节律阶段或者工作负荷（脑力和 / 或体力活动）过重而导致开展脑力或体力活动能力降低的生理状态，这种状态会损害机组成员的警觉度及其安全地操作航空器或者履行安全相关责任的能力。简而言之，疲劳会导致飞行员的判断力、注意力、决策能力降低。反应迟缓，是威胁航空安全的重要因素。

疲劳有多种分类方式。按疲劳内容可分为心理疲劳和生理疲劳。心理疲劳主要是指长期从事紧张的脑力劳动，由单调的环境刺激而引起的情绪动机降低及行为活动能力的减退，往往和心理负荷及精神紧张状态相联系，表现为缺乏动机、精神不振、情绪低落、注意力不集中、思维缓慢、工作效率低下、判断力下降、决策失误等。生理疲劳则主要以肌肉疲劳为主要形式，又称肌肉疲劳，是指肌肉经过一定时间的收缩或伸展后所出现的疲劳症状，表现为收缩强度变小，伸展速度变慢，操作速度迟缓，进而影响到工作效率。按照恢复的快慢分类，可以分为急性疲劳和慢性疲劳。急性疲劳可以通过适当的休息而得到完全恢复，当这种疲劳持续累积而得不到适当的恢复时，就会进入慢性疲劳。还有人将疲劳划分为主动疲劳和被动疲劳。主动疲劳指个体主动参与任务而造成的疲劳，主要与高认知负荷相关；被动疲劳则是由长时间的单调反应所造成的，主要由作业单调缺乏刺激和激励而引发，与低认知负荷相关。

3.4.1　疲劳的成因

疲劳可能是急性的，发生在剧烈的体力或脑力劳动之后很短的时间段内。疲劳也可能是慢性的，源于长时间得不到充足的睡眠（由于时差或者轮班），或者可能源于持续的体力或脑力活动，而其间没有足够的休息时间。慢性疲劳也可能源于抑郁和应激、熬夜，或

者仅仅是因为呆在不熟悉或不舒适的环境中。

疲劳是民航从业人员，尤其是飞行员的工作常态。具体是哪些原因导致了疲劳感呢？

美国国家航空航天局（National Aeronautics and Space Administration，NASA）曾经进行过一项详尽的研究，确定疲劳、睡眠缺失和生物节律紊乱对飞行机组成员幸福感和工作表现的影响。实验数据来自常规的飞行实际工作、全动模拟机和一系列实验室实验。主要结果如下：晚上在家庭以外的地方睡觉，飞行员需要更长的时间入睡，也醒得更早，平均比在家时少睡 1.2 h，同时，睡眠质量也较差；主观疲劳和心情会因长途飞行后的异地停留而更遭；飞行员在工作日摄入更多的咖啡因，这一般是在早上帮助他们清醒，或者在午夜帮助他们对抗疲劳。

人体的生理节律一般是以 24 h 或 25 h 为周期。生理节律不仅控制人体的睡眠／觉醒模式，还会控制激素分泌、身体温度和食欲等。普通职业的人群每天基本都在相似的时间醒来，在相似的时间睡觉。一般每天的睡眠时间在 6~9 h。这一规律前后改变 1 h，对人体只有轻微的或基本无损害。但超过这个限度，就会带来一些问题。此外，任务持续时间也会影响疲劳感。持续的活动会导致疲劳，疲劳程度会随着任务时间的增加而增加。研究表明，在汽车驾驶员中，随着驾驶时间的增加，驾驶员有大量的过度矫正行为，驾驶绩效显著下降（窦广波，2017）。

具体到工作中，对于飞短途的飞行员来说，他们不用考虑倒时差的问题。但他们通常会很早开始工作，有时又会工作到很晚，昼夜节律紊乱，正常的睡眠习惯被破坏，导致疲劳感加重。此外，短途飞行意味着更频繁的起落，导致整个工作日的工作量巨大。这会带来两个问题：工作时间不规律以及极高的工作负荷。总而言之，很高的工作责任、很高的工作负荷、紧张的日程安排和对环境相对较少的控制，这些都会显著增加飞行员的压力水平，加重他们的疲劳感。

对于飞长途的飞行员来说，飞越多个时区，长时间无社交的工作，会导致高水平的压力和疲劳，长途机组成员不但有睡眠问题，同时，由于他们通常的目的地与常住地相隔较远，饮食习惯差异很大，与家人和朋友长时间的分离也会造成压力。如果长途飞行后有较长的停留休整时间，可能会降低疲劳和时区变化对生物节律的影响。但是，这也会增加与家人及朋友分离的时间，从而增加压力。此外，研究表明（Runeson et al.，2011），当昼夜节律紊乱时，飞行员的个体绩效会下降，反应时间会增加。有人收集了飞行员在 12 天国际旅行期间的数据（Roach et al.，2012），结果表明，长途飞行间的短期异地停留会导致之后的疲劳程度升高，若必须停留，建议中间异地停留时间延长为至少 4 天。

最后，飞行员回到家里，并不一定全在休息。在一项对短途飞行员机组的调查中发现，飞行员报告他们在执行两次任务周期之间平均有 12.45 h 自己的时间，但只有 6.7 h 在休息。

近年来，廉价航空更加强调效率。由于每个座位带来的利润很少，所以工作负荷会更大。飞行员被最大程度地利用起来，从而导致了高水平的压力和疲劳。

3.4.2　疲劳程度的评定

对疲劳程度的评估有主观评定法和客观评定法。主观评定法使用量表测量，以个体主观的疲劳感觉来判断其疲劳的程度。客观评定法借助各种仪器设备等工具，通过测量人体机能的变化来评定疲劳程度，常用的有心率、心率变异性、脑电图、瞳孔直径等生化指标。另外，还可以通过心理运动测量，通过让个体执行一些精神运动警戒任务（Psychomotor Vigilance Task，PVT），测量个体对简单、显著信号的视觉反应时，以此推断个体的警觉性变化，间接测量疲劳程度。

1. 主观评定法

主观评定法主要使用自陈式问卷。国外常用的量表有 Coper-Harper 问卷、NASA-TLX 量表、Samn-Perelli 量表、Karolinska Sleepiness Scale 量表等（丰雯娟，2019）。

这种评估方法要求个体根据自身主观感受报告疲劳状况。这种方法存在一定问题，比如，有时个体的身心其实已经进入疲劳状态，但自我感觉还良好；更常见的是，个体因为收入等原因，隐瞒或虚假陈述，会导致评定无效。

因此，人们更关注的是客观评估。

2. 眼动评定法

眼睛的状态与人的疲劳有较高程度的相关，能够有效可靠地反映疲劳状态。1999 年 4 月，美国联邦公路管理局发表文章，提出把单位时间内（1 min 或 30 s）眼睛闭合所占的时间的百分率（PERCLOS）作为预测驾驶员疲劳的可行方法（黄瀚敏，2007）。

人眼可分为 4 种状态：闭合、可能闭合、可能睁开、睁开。使用眼动仪持续监测个体的眼睛闭合情况，计算其眼睛闭合所占总时间的比例，即可得到 PERCLOS 值。当该值超过设定的疲劳阈值时，可以认为飞行员处于疲劳状态，提出告警。

也有研究使用专用仪器精确测量眼睛瞳孔的直径变化、眨眼频率和头部运动。结果发现，通常人眼闭合时间在 0.2~0.3 s，如果眼睛闭合时间超过 0.5 s，就处于危险状态（马添

翼，2012）。

日本尼桑研究中心汽车研究实验室已据此原理设计出了瞌睡监测装置，通过判断眼睛的开闭状态，计算一定时间段内眼睛闭合的次数来推断个体的警觉水平，当发现警觉水平下降时就提出告警（张雪英，2005）。

目前，在民航领域，由于适航等原因，相关研究多在实验室和模拟机中进行。

3. 脑电评定法

脑电图是利用现代电子放大技术，将脑自身微弱的生物电放大记录成为一种曲线图。能直接反映脑部活动的变化，已成为脑力疲劳研究中广泛采用的评定中枢神经系统变化的重要依据。

以一个具体实验为例（韩霜，2017）：记录飞行前坐姿 5 min 脑电，模拟飞行器飞行训练全过程中坐姿 30 min 脑电，模拟飞行训练结束后坐姿记录 5 min 脑电。记录 α、β、γ、θ、SMR（感觉运动节律）波波幅。随着疲劳程度的增加，各波波幅均升高，相对功率谱的平均值会增强。同时，右脑各波幅均高于左侧半脑，飞行后右脑的恢复也较左脑偏慢。人类大脑的左脑以数理推算为主，空间定向则以右脑为主。模拟飞行中飞行员运用的心理能力为图像识别，故右脑的疲劳程度可能更重。

目前，脑电被认为是疲劳评定的金标准，但其缺点也很明显。测试仪器便携性差，对环境要求高，对飞行员侵入性强，且脑电信号容易受到头动和身体运动等驾驶行为的影响，难以在真实的飞行环境中获得准确的数据。

4. 心理运动能力评定法

大量研究表明，脑力疲劳时，反应时出现延长，信息处理能力下降。在脑力疲劳的情况下，反应时测试是较敏感的评估指标。以往研究表明（Basner & Rubinstein，2011），心理运动能力对于完全睡眠剥夺和慢性部分睡眠剥夺具有很高的敏感性。目前，被认为是评估神经认知能力的有效工具，是检验行为警觉性和注意力的黄金标准。

通过让被试完成一定的视觉或听觉反应时任务，计算被试的答题总数、正确率、正确答题的平均时间和第一反应答题的平均时间等指标，即可评估个体的疲劳程度。

此外，还有使用临界闪光融合频率（critical flicker frequency，CFF）的测量（詹皓，2014）。主要原理是测试视觉系统分辨时间能力的极限。人体的生理和心理状态会对个体辨别闪光的能力有一定的影响。当个体处于疲劳状态时，其对闪光的分辨能力会显著下降。

除了上述主要评定方法外，还有人使用心率、嘴部闭合程度、头部位置变化等方法来评估个体的疲劳程度。它们的有效性和优缺点各有不同（参见表 3.1）。美国国家公路交通安全管理局和美国联邦公路管理局在实验室模拟驾驶过程中的疲劳监测的各类指标，考察 PERCLOS、脑电图、人体头部姿势变化和眨眼监测等方法的测试结果与客观疲劳的关系程度（杨奎，2017；郑培，2002）。这些指标和方法均能在不同程度上反映人体疲劳。

表 3.1 不同疲劳检测方法的比较

检测方法	准确度	实时性	全天候	抗干扰	舒适性	集成度	实用性
脉搏	一般	高	高	一般	低	高	高
脑电图	40.30%	高	高	高	低	低	低
嘴部闭合	一般	高	低	低	高	高	一般
头部位置	52.90%	一般	一般	低	高	高	一般
方向盘监视	低	一般	高	高	高	高	一般
反应时间	低	一般	高	一般	一般	低	一般
眨眼测试	48.0%	一般	一般	低	高	一般	一般
PERCLOS	87.80%	高	高	高	高	高	高

研究结果发现，PERCLOS 中的 P80（眼皮盖过瞳孔的面积超过 80% 的阶段所占时间的比例）与疲劳程度的相关性最高。脑电和头部姿势的变化则有很大的个体差异性。

3.4.3 疲劳风险管理

加拿大是最早开始研究疲劳风险管理系统的国家。他们于 2007 年根据飞行时间的限制建立了疲劳风险管理体系。之后，欧美国家陆续发布了关于疲劳风险管理系统建设和实施的指导文件或咨询通告。而国际民航组织和国际航空运输协会等重要国际组织也相继颁布了关于疲劳风险管理系统的指导手册。国际民航组织发布的第 9966 号文件，将疲劳风险管理体系作为安全管理体系的一部分，用来管理与缓解疲劳风险。

在 1999 年 5 月，中国民航局首次制定并发布了管理飞机运行的管理规章 CCAR-121 部，自此之后经过数次修订。在最新版的 P 章中，针对飞行员的疲劳风险进行了相应的规定（丰雯娟，2019），包括飞行员的飞行时间限制、飞行执勤期限制、累计时间限制以及休息时间的要求等，连续 7 个日历日累计飞行执勤的时间不超过 60 h，任一日历月累计飞行的时

间不超过 100 h，将一年的最大飞行时间限制由原先的 1000 h 降为 900 h。此外，考虑了昼夜节律的影响，将非扩编机组的飞行时间限制在一天之内做了区分：0 点至 4 点 59 分之间和 20 点至 23 点 59 分之间报到的，最大飞行时间为 8 h；其余时间报到的，最大飞行时间为 9 h。在上一个执勤期结束后至下一个执勤期开始前，至少有连续 10 h 的休息期；在 6 h 及以上的跨时区飞行后，至少有连续 48 h 的休息期。

急性疲劳可以通过每日的最大飞行时间来缓解，而累积疲劳的影响则可以通过累积最大飞行时间限制来缓解。

目前，民航业需要做的是建立一个完善独立的疲劳风险管理体系，将它作为航空公司日常安全管理体系的组成部分。基于大量的实际运行和疲劳科研数据，实现动态闭环的疲劳风险管理，以疲劳研究的数据信息为基础，评估排班表，收集运营数据，提供增强的安全级别和更大的运营灵活性，实现更加灵活高效的管理。

参考文献

Adamson, M. M., Bayley, P. J., Scanlon, B. K., et al. (2012). Pilot expertise and hippocampal size: associations with longitudinal flight simulator performance. *Aviation, space, and environmental medicine*, *83*, 850-857.

Adamson, M. M., Taylor, J. L., Heraldez, D., et al. (2014). Higher landing accuracy in expert pilots is associated with lower activity in the caudate nucleus. *PloS one*, *9*, e112607.

Ahamed, T., Kawanabe, M., Ishii, S., & Callan, D. E. (2014). Structural differences in gray matter between glider pilots and non-pilots. A Voxel-Based Morphometry Study. *Frontiers in Neurology*, *5*, 248.

Amodio, D. M., & Frith, C. D. (2006). Meeting of minds: the medial frontal cortex and social cognition. *Nature reviews. Neuroscience*, *7*, 268-277.

Basner, M., & Rubinstein, J. (2011). Fitness for duty: a 3-minute version of the Psychomotor Vigilance Test predicts fatigue-related declines in luggage-screening performance. *Journal of occupational and environmental medicine*, *53*, 1146-1154.

Briot, K., & Roux, C. (2005). Biochemical markers of bone remodeling. *Gynécologie, obstétrique & fertilité*, *33*, 1009-1013.

Causse, M., Baracat, B., Pastor, J., & Dehais, F. (2011). Reward and uncertainty favor risky decision-making in pilots: evidence from cardiovascular and oculometric measurements. *Applied psychophysiology and biofeedback*, *36*, 231-242.

Causse, M., Péran, P., Dehais, F., et al. (2013). Affective decision making under uncertainty during a plausible aviation task: an fMRI study. *NeuroImage*, *71*, 19-29.

Chen, X., Wang, Q., Luo, C., et al. (2020). Increased functional dynamics in civil aviation pilots: Evidence from a neuroimaging study. *PloS one*, *15*, e0234790.

Chen, X., Xu, K., Yang, Y., et al. (2019). Altered default mode network dynamics in civil aviation pilots. *Frontiers in neuroscience, 13*, 1406.

Choe, J., Coffman, B. A., Bergstedt, D. T., Ziegler, M. D., & Phillips, M. E. (2016). Transcranial direct current stimulation modulates neuronal activity and learning in pilot training. *Frontiers in Human Neuroscience, 10*, 34.

Crone, E. A. (2014). The role of the medial frontal cortex in the development of cognitive and social-affective performance monitoring. *Psychophysiology, 51*, 943-950.

Gurvich, C., Maller, J. J., Lithgow, B., Haghgooie, S., & Kulkarni, J. (2013). Vestibular insights into cognition and psychiatry. *Brain research, 1537*, 244-259.

Heffner, M. A., Genetos, D. C., & Christiansen, B. A. (2017). Bone adaptation to mechanical loading in a mouse model of reduced peripheral sensory nerve function. *PloS one, 12*, e0187354.

Kringelbach, M. L., & Rolls, E. T. (2004). The functional neuroanatomy of the human orbitofrontal cortex: evidence from neuroimaging and neuropsychology. *Progress in neurobiology, 72*, 341-372.

Kumar, M., Sharma, M. K., Saxena, P. S., & Kumar, A. (2003). Radioprotective effect of Panax ginseng on the phosphatases and lipid peroxidation level in testes of Swiss albino mice. *Biological & pharmaceutical bulletin, 26*, 308-312.

Melo, M. C., Garcia, R. F., Linhares Neto, V. B., et al. (2016). Sleep and circadian alterations in people at risk for bipolar disorder: A systematic review. *Journal of psychiatric research, 83*, 211-219.

Menon, V. (2011). Large-scale brain networks and psychopathology: a unifying triple network model. *Trends in cognitive sciences, 15*, 483-506.

Miller, E. K., & Cohen, J. D. (2001). An integrative theory of prefrontal cortex function. *Annual review of neuroscience, 24*, 167-202.

Okumura, A., Fuse, H., Kawauchi, Y., Mizuno, I., & Akashi, T. (2003). Changes in male reproductive function after high altitude mountaineering. *High altitude medicine & biology, 4*, 349-353.

Raichle, M. E., & Snyder, A. Z. (2007). A default mode of brain function: a brief history of an evolving idea. *NeuroImage, 37*, 1083-1090; discussion 1097-1099.

Roach, G. D., Petrilli, R. M., Dawson, D., & Lamond, N. (2012). Impact of layover length on sleep, subjective fatigue levels, and sustained attention of long-haul airline pilots. *Chronobiology international, 29*, 580-586.

Runeson, R., Lindgren, T., & Wahlstedt, K. (2011). Sleep problems and psychosocial work environment among Swedish commercial pilots. *American journal of industrial medicine, 54*, 545-551.

Scott, D., & Lyons, C. Y. (1979). Homogeneous sensitivity of human peripheral blood lymphocytes to radiation-induced chromosome damage. *Nature, 278*, 756-758.

Spiegel, K., Leproult, R., & Van Cauter, E. (1999). Impact of sleep debt on metabolic and endocrine function. *Lancet, 354*, 1435-1439.

Szczepanski, S. M., & Knight, R. T. (2014). Insights into human behavior from lesions to the prefrontal cortex. *Neuron, 83*, 1002-1018.

Yong, L. C., Sigurdson, A. J., Ward, E. M., et al. (2009). Increased frequency of chromosome translocations in

airline pilots with long-term flying experience. *Occupational and Environmental Medicine, 66*, 56-62.

Zhou, Y., Fan, L., Qiu, C., & Jiang, T. (2015). Prefrontal cortex and the dysconnectivity hypothesis of schizophrenia. *Neuroscience bulletin, 31*, 207-219.

Zuo, H., Lin, T., Wang, D., et al. (2014). Neural cell apoptosis induced by microwave exposure through mitochondria-dependent caspase-3 pathway. *International journal of medical sciences, 11*, 426-435.

鲍建芳, 王建有, 鲁德强, 邵传森. (2001). 低强度微波辐射对小鼠NK细胞活性的影响. 浙江大学学报(医学版), 33-35.

窦广波. (2017). 驾驶员被动疲劳的行为分析与测量. 辽宁师范大学博士学位论文.

段世英, 彭新涛, 孙素云, 杨娟, 陈鹏, 李晓蓓. (2016). 高空环境对航空飞行员的影响与健康状况分析. 航空航天医学杂志, 27, 839-841.

丰雯娟. (2019). CCAR-121（R5）中疲劳风险管理条款理论分析及应用效果研究. 中国民航大学博士学位论文.

韩霜. (2017). 基于脑电波信号的飞行员疲劳状况识别. 上海交通大学硕士学位论文.

胡海翔, 孙静, 罗少波, 等. (2013). 飞行环境对飞行人员精子头部及尾部超微结构的影响. 华南国防医学杂志, 27, 742-744.

胡海翔, 罗少波, 宋晓琳, 等. (2014). 飞行环境对飞行人员精子凋亡的影响. 解放军医药杂志, 26, 95-97.

黄瀚敏. 基于汽车驾驶员疲劳状态监测技术的汽车主动安全系统研究. 见: 张勤, 主编. (05), 2007.

侯方高. (2006). 127例海军飞行员血液流变学指标及其与冠心病危险因素的相关分析. 中华航海医学与高气压医学杂志, 55-56.

李丽, 石进, 崔丽, 王海音. (2012). 飞行员脑血管反应性影响因素的分析. 中华航空航天医学杂志, 108-111.

李文杰, 潘伟光, 刘建, 黄镭, 陈葵好. (2014). 活性氧与不育者精子DNA损伤相关性研究. 现代中西医结合杂志, 23, 1160-1161+1164.

林岭, 张燕. (2015). 民航飞行员心理疲劳研究现状与未来研究方向. 航天医学与医学工程, 28, 74-78.

刘玉华, 郑军, 翟丽红, 熊巍, 刘晶, 徐先荣. (2013). 2007—2012年度三代机军航飞行员疾病谱分析. 解放军医学院学报, 34, 945-947.

罗少波, 胡海翔, 刘洪源, 等. (2013). 飞行环境对飞行人员精液参数的影响. 华南国防医学杂志, 27, 42-43+65.

马添翼. (2012). 基于面部表情特征的驾驶员疲劳状态识别方法研究. 清华大学博士学位论文.

孟彩丽, 刘红巾, 陈晓萍. (2016). 飞行员与普通人脑白质高信号患病率和分布的比较研究. 航天医学与医学工程, 29, 213-216.

沈海明, 陈蔚茹, 王建华. (2006). 民航飞行人员骨代谢生化指标的研究. 中国骨质疏松杂志, 568-570.

万梅, 杜丕海, 姚力萍, 董婧姝, 王晓旭. (1999). 飞行员腰腿痛、骨质增生与骨矿物质含量变化的关系. 航空军医, 153-155.

王萍, 勉闻光, 樊龙中, 等. (2015). 歼击机飞行员胃蛋白酶原检测的临床意义. 生物技术通讯, 26, 837-839.

伍骥, 张凌, 高雁旭, 姜树强. (2002). 高性能战斗机飞行对飞行员脊柱影响的研究. 航空军医, 32-35.

徐开俊, 陈锡珊, 陈曦. (2020). 飞行员静息态脑功能低频振幅与功能连接特征研究. 航天医学与医学工程, 33, 397-401.

徐永波, 祝筱姬, 赵超, 等. (2013). 短时间飞行训练对战斗机飞行员血脂的影响. 解放军预防医学杂志, 31, 37-39.

晏雪婷, 程苏琴, 朱美财, 孙绍权. (2015). 高空电磁辐射对运输机飞行员免疫球蛋白与补体的影响. 东南国防医药, 17, 339-341.

晏雪婷. (2016). 飞行环境中微波辐射对机体免疫功能影响的研究. 大连医科大学硕士学位论文.

杨奎. (2017). 铁路列车调度员疲劳机理与发展规律研究. 西南交通大学博士学位论文.

于青琳, 于文学. (2000). 腰腿痛飞行员骨密度变化与骨代谢生化指标的相关分析. 中国骨质疏松杂志, 51-53.

詹皓. (2014). 临界闪光融合频率和眼动反应检测在不同作业任务中枢疲劳评价中的应用. 中华航空航天医学杂志, 25, 62-68.

张涛, 陈蔚如, 马严, 张军. (2005). 新疆地区飞行人员宇宙辐射受照剂量的估算分析. 中华航空航天医学杂志, 111-116.

张文辉, 孙侠, 韩长城, 牛玉杰, 张荣, 侯玉春. (2005). 不同强度微波辐射对小鼠免疫功能的影响. 广西预防医学, 129-132.

张雪英. (2005). 基于粗糙集理论的文本自动分类研究. 南京理工大学博士学位论文.

赵金萍. (2014). 重力改变对人体心血管循环系统影响的仿真研究. 湖南工业大学硕士学位论文.

郑培. (2002). 机动车驾驶员驾驶疲劳测评方法的研究. 中国农业大学博士学位论文.

朱俐俐, 裴楠, 张婷勇, 等. (2016). 不同机型飞行员疾病流行病学调查和分析. 解放军预防医学杂志, 34, 424-425.

第 4 章

飞行员的注意与信号检测

4.1 飞行员的注意

注意（attention）是心理活动或意识对一定对象的指向和集中，具有指向性和集中性两个特点。指向性是指心理活动或意识选择某个对象，忽略其余对象。集中性是指心理活动或意识停留在某个对象上的强度或紧张度。强度越大，紧张度越高，代表注意越集中（彭聃龄，2001）。飞行员注意是指心理活动或意识对驾驶舱内、外环境信息进行有选择的指向和集中。在飞行环境中，信息纷繁复杂，注意机制能够帮助飞行员从大量涌入的信息流中选择与飞行任务相关的信息进行感知、处理和加工，同时忽略其他非必要信息。因此，注意贯穿于整个飞行过程，是保障安全飞行的基本心理品质。以往研究中描述注意主要有两种机制：内源性注意（endogenous attention）和外源性注意（exogenous attention），分别代表内在目标和外部需求。

4.1.1 注意的两种机制

1. 内源性注意

内源性注意又被称为自主性或目标驱动注意，是个体根据自己的目标或意图来分配注意支配行为的过程，是主动性的注意，属于注意自上而下的加工（Macaluso，2010）。例如，我们上课时，自觉、自动地将心理过程集中指向在学习活动上；同样，飞行员在长时间飞行中，必须付出一定的意志努力，保持、集中注意在飞行活动上，保障飞行安全。目前，研究内源性注意的基础实验范式主要通过在注视点位置呈现预测性中央线索来进行空间指向。预测性中央线索一般由具有符号意义和预测价值的空间预测性图案来表示，例如，指向左侧或右侧的眼睛凝视（eye-gaze）图案、箭头方向图案等（Jonides et al.，1981）。在实验中，若预测性中央线索有 80% 的箭头是指向随后出现目标刺激的位置，则代表内源性注意对目标位置的预测性是 80%，对非目标位置的预测性是 20%。相比无效的线索位置，人们对有效线索位置发生的目标反应更快、更准确（Posner，1980）。

　　同样，研究者发现内源性注意能够影响视、听觉整合效应。例如，唐晓雨等人（2020）采用该范式，通过两个实验，分别设置 50% 和 80% 两种内源性空间线索有效性，即线索所指方向对目标呈现位置的预测概率分别为 50% 和 80%，来考察不同空间线索有效性条件下内源性空间注意对视、听觉整合的影响（见图 4.1）。研究结果发现，当线索有效性为 50% 时（实验 1），有效线索位置和无效线索位置的视听觉整合效应没有显著差异；当线索有效性为 80% 时（实验 2），有效线索位置的视听觉整合效应显著大于无效线索位置的视听觉整合效应。结果表明，线索有效性不同时，内源性空间注意对视听觉整合产生了不同的影响，高线索有效性条件下内源性空间注意能够促进视听觉整合效应。

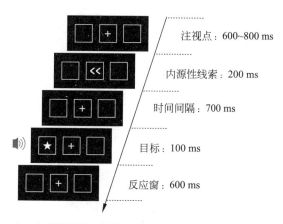

图 4.1　内源性线索 - 靶子范式流程图（唐晓雨　等，2020）

　　内源性注意依赖于个体的知识经验，个体会通过自身积累的经验从外界检测或辨别出与预期目标相近的刺激。例如，飞行员在飞机进近着陆阶段，会增加观察舱外的时长。这是由于飞行员根据自身经验，将注意资源分配给舱外，而不仅仅是舱内仪表信息，有助于安全着陆，因此，会增加观察舱外时间。在飞行任务中，内源性注意尤其重要，飞行员对任务目的的明确性和飞行经验是维持内源性注意的重要条件。

2. 外源性注意

　　外源性注意又被称为非自主性或刺激驱动注意，是指在没有个体意图控制的情况下，由个体以外的信息引起的无意识的注意，属于注意自下而上的加工（Chica et al.，2013）。

例如，在安静的自习室内，一声巨大的关门声会不自觉引起大家的注意。

目前，研究外源性注意的常见实验范式为外源性空间线索化范式（spatial cueing paradigm）。外源性空间线索是由中央注视点左侧或右侧的突显性刺激（如亮度变化、起伏或移动刺激）来触发的注意定向（Hopfinger & West，2006）。这类无法忽视的外源性线索被认为所引起的注意定向是自动的（Rafal & Henik，1994）。例如，彭姓等人（2019）利用白色正方形（长度：1°×1°；离中央注视点：4.5°）作为外源性线索引起被试的外源性注意，考察外源性线索对视听觉整合的调节作用（见图4.2）。当线索-靶子间隔时间（即SOA）小于250 ms时，相比无效线索位置，个体对有效线索位置上的反应更快、更准确，被称为"易化效应（facilitation effect）"。然而SOA大于300 ms时，有效线索位置上的反应时却显著慢于无效线索位置，被称为"返回抑制（inhibition of return，IOR）效应"。即使线索有效性是50%，且并没有提供对目标位置的可靠预测，也能出现这样的结果（Jonides，1981；Yantis & Jonides，1984）。

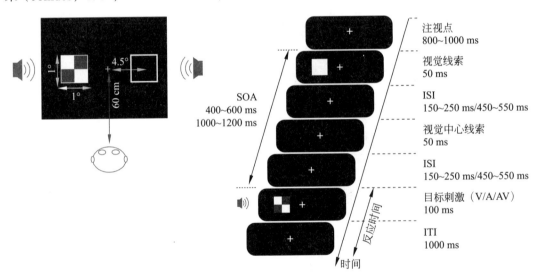

图4.2 外源性线索对视听觉整合的调节作用（彭姓 等，2019）

注：图左为刺激呈现位置的示意图，图右为单个试次的流程图。图右中视觉线索（白色正方形）呈现在左侧，目标（视听觉）也呈现在左侧（即有效线索位置），要求被试对目标刺激进行既快又准的检测反应。其中，目标刺激（V/A/AV）分别代表视觉（visual）、听觉（auditory）和视听觉（audiovisual）通道目标。ISI是指刺激间时间间隔（inter-stimulus interval）。ITI是指试次间的时间间隔（inter-trial interval）。SOA的计算是由视觉线索时间（50 ms）、2个ISI时间（150~250 ms/450~550 ms）以及视觉中心线索时间（50 ms）相加而得，因此，SOA为400~600 ms/1000~1200 ms。

在道路驾驶中，能够引发驾驶员的外源性注意的线索往往具有很高的感觉显著性（sensory conspicuity）。感觉显著性是指一个刺激物自身所具有的，能够捕获注意的某种感知属性，这种属性使得观察者的注意情不自禁地朝向它，包括刺激物的强度、运动变化、新异性、对比关系等。例如，白天使用车前灯以及明亮的外壳能够使得摩托车更容易被侦测到。同样，在飞行过程中，也有会引起外源性注意的线索出现，如驾驶舱告警的突然发出。当飞行员在操作飞机时，由于油门过大导致飞机的速度急剧上升，此时，速度表指针所指区域颜色由绿色变为红色以及声音警报等凸显刺激都会吸引飞行员的外源性注意。

4.1.2　飞行员的注意品质

飞行员的注意品质对飞行安全有直接影响。飞行员在起飞、巡航、着陆等不同飞行阶段，不仅要处理驾驶舱内外环境的刺激，还要调节飞行员自身生理、身体、心理等的影响。有效获取并处理飞行驾驶信息，安全完成飞行任务，要求飞行员具有持久的注意稳定、合理的注意分配、快速的注意转移以及良好的注意广度（Shappell et al., 2007）。可见，飞行员注意品质影响飞机操作任务的有效完成，与飞行安全密切相关。心理学中将注意品质分为 4 类：注意广度、注意稳定性、注意分配和注意转移，以下将逐一介绍。

1. 注意广度

注意广度（range of attention）也可以称为注意的范围，即在一定时间内能够清楚地把握注意对象的数量，飞行员的注意广度是指在同一时间内飞行员所能把握飞行任务相关对象的数量。飞机驾驶舱内的仪表复杂多变，需要注意的事项很多，每一次错误都可能导致严重的后果。这就要求飞行员在完成主要飞行任务的前提下，尽可能扩大自己的注意范围，以便更安全地完成飞行驾驶操作任务。研究者发现，注意广度与人的短时记忆能力有关。Miller（1956）发现人的短时记忆能够保存（7±2）个组块，如单词、数字、图形符号等。然而这些信息可以被保存的时间很短。

目前，有研究对驾驶员 / 飞行员的注意广度进行了探讨。常若松等人（2019）通过前测，以驾驶员水平注意广度平均数 946 像素为中点，将被试分为两组（水平注意广度：高组、低组），考察水平注意广度对车道位置变异性的影响。结果发现，驾驶员的水平注意广度越大，整个驾驶过程中的车道位置变异性越小，任务负荷越小，事故率也会较小。王华容等人（2012）采用 EP701C 注意集中测试仪、EP708A 注意分配仪、PsyTech 心理实验系统对 366 例长途客运驾驶员进行测试。发现不同年龄段长途客运驾驶员在注意广度上存在显著差异，年龄在 35 岁以下者注意广度水平最高。张裕婕（2018）对 10 名已完成私照、商照和仪表等级训练的飞行学员进行模拟飞行任务，要求飞行学员分别完成白天和黑夜两

种能见度下的起落航线任务，包括离场边、侧风边、下风边、底边和进场边等 5 个飞行阶段。研究结果发现：当模拟飞行任务难度增加，在夜晚飞行时，飞行学员的注意广度缩小。在起落航线任务中，飞行学员的注意广度在进场边和离场边较小。

影响注意广度的因素有以下 3 种。

（1）注意对象的特点，包括注意对象的颜色、排列分布。在飞机驾驶舱内，被感知的各种仪表呈现的信息，颜色相同时，注意广度就大，颜色不同时，注意广度就小；反映飞行参数的仪表排列越集中、越有规则，联系越大，注意广度就越大。相反，排列稀松且杂乱无章，联系不密切，注意广度就小。

（2）注意对象的任务数量和难易程度。当飞行员面临的任务数量多、难度大时，注意广度就小。当面临的任务目标单一，难度小时，注意广度就大。

（3）飞行员的知识经验。当飞行员知识贮备扎实，飞行经验丰富，更善于组织所注意的对象时，注意广度就大；当知识经验越小，飞行技能越不熟悉时，注意广度就小。注意广度在飞行中有很重要的意义，注意广度的扩大，有助于飞行员在同样的时间内处理更多的信息，更好地掌握并整合飞行信息，从而提高工作效率。

2. 注意稳定性

注意稳定性（stability of attention）是指注意长时间保持在某一对象或活动上的特性，与积极的意识活动状态和意志相关。飞行员注意稳定性是指飞行员将注意长时间保持在飞行活动上的特性。狭义的注意稳定性是指注意保持在同一对象上的时间，广义的注意稳定性则是指注意保持在同一活动上的时间。一般来说，生活中常描述的是广义的注意稳定性。例如，学生在上课期间，听课，看讲义，记笔记等活动交替进行，虽然注意在不同对象之间不断转移，但都保持注意在与教学活动相关的对象上。同样，在飞行任务中，飞行员需要操纵飞机，观察仪表，进行陆空通话，但均将注意保持在控制飞机状态的活动上。

与注意稳定相反的状态称为注意分散，即平常所说的分心，是指注意离开了心理活动指向的对象和关注的目标任务，而被无关的对象或任务所吸引的现象。引起飞行员注意分散的原因有很多，包括工作负荷过高、处理系统故障、驾驶舱谈话、生理性或情绪性等干扰因素，最终导致高度、航路偏差，扫视不当、无意识触发控制装置等结果。针对此，应当利用积极的方式来应对驾驶舱注意分散，例如，合理进行注意资源分配，禁止在关键飞行阶段进行与飞行任务无关的交流，飞行前识别自己的生理、心理状态。

飞行员注意分散是造成飞行员不安全行为的重要因素。良好的注意稳定性是胜任飞行工作的必要品质，它受到以下因素的影响。

（1）注意对象的特点。注意对象是内容单调乏味、无变化的活动，飞行员注意就很难维持稳定。注意对象内容丰富，变化多样化，飞行员注意就具有更高的稳定性。例如，飞机在巡航阶段的自动飞行状态下，飞行员在监控飞机的状态下，飞行员注意集中的维持时间就很短，容易出现注意分散。在注意分散状态下，一旦发生异常情况，飞行员可能会丧失情景意识而做出错误的判断或响应。因而，注意分散导致了许多不安全事故、事件的发生。

（2）飞行员的主观状态。当飞行员对所从事的活动具有浓厚的兴趣、积极性较高，并且拥有坚定的意志力时，注意就容易稳定持久；反之，注意就容易分散。

（3）飞行员的生理状态。当飞行员在驾驶舱内由于健康状况不佳，头痛、缺氧、过冷过热、疲劳、情绪问题等都会影响注意稳定性，影响飞行安全。此外，飞行员注意的稳定性还受到后天环境以及训练培养的影响。

目前，广泛采用的注意稳定测试有问卷测试、作业测试（划消测试和内田 - 克雷佩林）、注意稳定训练仪。目前，有研究者使用眼动测量技术、驾驶模拟器、外周视觉任务检测法来考察驾驶员长时间将注意力稳定在驾驶任务上的能力（刘宁，张侃，2007）。例如，外周视觉任务的击中率越高，说明驾驶员剩余的注意资源越多，注意稳定性越好（施臻彦　等，2010）。高扬等人（2017）利用自主研发的神经系统特性测试（NTT）工具，以作业量、错误率以及反应时为绩效指标，对某航空公司 36 名航线飞行员进行注意稳定性的考察。结果表明，NTT 可以较好地分析飞行员的注意稳定性，可以作为选拔飞行员时的注意稳定测试工具。

3. 注意分配

注意分配（distribution of attention）是指在同一时间内，把注意指向不同的对象，同时从事几种不同活动的现象。例如，学生一边听老师讲课，一边认真做笔记。飞行员注意分配是指飞行员同时进行多种活动时，将注意指向不同的对象，例如，在操纵飞机时，不仅要观察驾驶舱内的仪表信息，注意周围环境的变化，还要手动操纵杆舵保持飞行姿态。

随着人机交互界面的智能化发展，飞行操作环境的日趋复杂，飞行员只有全面获取信息并合理分配注意，才能操作准确且高效。然而，飞行员的注意资源是有限的，不能同时接收所有的刺激信息，同时处理巨量的信息，因此，飞行员需要对有限的注意资源进行合理的分配，选择有利的信息进行加工，实现注意资源的高效利用，最终保障飞行安全和飞行质量。

目前，注意分配是衡量飞行员飞行能力的重要指标之一。然而，飞行员同时对多任务

的注意分配是有条件的，受到各种因素的影响，包括任务熟悉程度，个人的兴趣、控制力、意志力的强弱，同时进行的活动的性质及其关系等因素。个体对任务的熟悉度越高，注意分配越容易；个体对活动的兴趣越高，注意分配越容易；个人控制力、意志力水平越高，注意分配越容易；同时进行的多种活动之间关系越密切，组织越合理，注意分配越容易。例如，新手飞行员与经验飞行员在面对同样多任务时，由于经验飞行员对飞行活动非常熟练，甚至达到自动化程度，因此，注意分配更容易。而新手飞行员处于学习新技能阶段，对飞行活动不熟练，注意分配往往更难。在飞行员培训时，教练会有意识地引导飞行员的注意分配，从而更加高效准确地操作飞机。飞行员在多重任务情况下，实现合理的注意分配要依据任务的重要性程度。也就是说，飞行员在执行飞行任务时需要分清主要任务和次要任务，根据任务重要程度来对不同任务进行注意资源分配和时间分配，这与飞行员的经验密切相关。飞行员在不同飞行阶段，对各仪表信息重要度的主观评估依据以往的知识与经验。比如，在飞机起飞阶段，发动机转速信息最重要，其次是空速信息，而高度信息则相对不太重要；而在飞机上升阶段，地平信息最重要，其次是空速、高度信息，而发动机转速信息则相对不太重要。驾驶员对各仪表信息做出的重要、比较重要、不重要等主观评价即反映出了各信息的信息价值，越重要的信息分配到的注意资源越多。因此，驾驶员对各仪表信息分配的注意力资源受到信息重要度的影响。

随着眼动技术的发展，研究者开始关注驾驶员的视觉注意分配模式，注视时间、注视点个数及注视点分布等眼动指标能够很好地反映驾驶员的视觉注意分配模式。

4. 注意转移

注意转移（shifting of attention）是指把自己与目标任务有关的心理活动有意识地从一项事物迅速转向并集中于其他事物的能力，它是根据当前从事的目标任务有意的、主动调节心理活动，以便在不同的对象和活动中进行转换。飞行员注意转移是指飞行员能够根据新的任务，有意识地将心理活动从一个对象转移到另一个对象上。飞行过程中，飞行员要随时观察仪表的各种显示，掌握飞机状态，适时地操纵飞机或处理突然发生的各种紧急事件，需要经常把自己的注意从监视的一个事物转到另一个事物，驾驶舱内外环境、飞行阶段的变化、仪表数据改变都能促使注意的主动变换，造成注意的转换。有意识的注意一次只能有一个转移的过程，如需监视几个事物、飞机位置、无线电通信、仪表等，这都需要注意的快速转移，而长时间的转移也容易引起飞行员疲劳，并且存在疏漏的风险（郝炳瑄，2017）。有研究显示，一名优秀的飞行员在飞机起飞和降落过程的 5~6 min 内注意转移的平均次数就达到 200 多次，飞机驾驶过程中要不断扫视所有的仪表以确定其为正常状态。

注意转移的快慢程度主要受注意对象的特点、个人态度以及神经类型强度的影响。例如，当需要转移的两个对象之间关联很大时，注意转移速度更快；当新的注意对象符合个人兴趣时，注意转移速度更快；平衡性高、灵活的人，注意转移较容易。神经类型强度弱、平衡性差、不灵活的人，注意转移就慢。

有研究者使用眼动测量指标——眼跳（saccades）来测量注意转移。眼跳是对目标的外显朝向，而注意则是对选择物体过程的内隐朝向，二者在选择视觉信息、找到注视目标以及忽略无关信息的过程中都发挥着重要作用（王一楠，宋耀武，2011）。在环境趋于复杂时，汽车驾驶员注意也会向原驾驶车道以外的区域（如后视镜、目标车道、路边行人等）转移（李辉　等，2009）。

4.2　驾驶舱告警信号的相关研究

随着航空设备的可靠性不断提升，自动化操作系统在各类飞行器中渐渐普及。飞行过程的控制方式，由传统的以"操纵"为主转变为以"监视 - 决策 - 控制"为主。自动驾驶的迅猛发展，使得告警信号成为辅助驾驶员安全驾驶的重要手段，包括自动驾驶接管系统、空中防撞系统等。有效的告警信号能够提升飞行员的情景意识，辅助成功接管，降低事故率。告警信号依照其通道数量可分为单通道和多通道两大类。

4.2.1　单通道告警信号的优劣势

1. 视觉告警信号的优劣势

人类可以通过感觉器官（如眼睛、耳朵、鼻子、皮肤等）从外界主动或者被动地获取信息，其中视觉信息输入量占比最大，听觉次之，触觉、嗅觉等信息输入量占比较小。眼睛作为我们从外界获取信息最直接、最有效的感觉器官，可以帮助我们客观地了解身边的环境及事物。据统计，在汽车驾驶过程中，驾驶员获得的信息约有 70% 以上来自人类的视觉系统，这些信息包括汽车仪表盘的车辆状态（如速度、发动机转速）、告警（如低燃料、高发动机温度、危险信号）等视觉信息（Bazilinskyy et al., 2018）。同样，飞行过程中飞行员接收的视觉信息占全部信息的 80% 左右，主要视觉信息包括仪表信息（如飞机的航速、航向、高度）和外部环境等。目前，视觉信号主要通过符号形状、颜色编码、组合方式等

来呈现。视觉信号的最大优势在于能在短时间内提供大量的信息，帮助驾驶员迅速检测到周围环境中的危险（Wege et al.，2013）。

目前，飞行员的大部分加工信息主要来自视觉通道，具有相对较高的视觉工作负荷，当驾驶舱发出视觉告警信号时，可能会占用驾驶主任务的视觉资源，从而损害驾驶绩效。另外，当驾驶主任务或非驾驶相关任务（例如操作娱乐系统、检查电子邮件、处理导航系统等）占用视觉通道时，也可能会由于视觉资源的竞争，而引起驾驶员对告警信息的忽视，增加安全风险（Bazilinskyy et al.，2018；Fitch et al.，2007）。因此，设计者开始考虑由听觉、触觉等其他感觉通道来发出告警信号，以降低飞行员的负荷水平。

2. 听觉告警信号的优劣势

听觉信号是视觉通道的有效补充。听觉信号不仅能吸引个体注意，还能提供关于事件性质的额外信息。研究者认为，听觉通道与视觉通道主要有 3 点不同。第一，听觉通道可以接收来自任何方向的信息输入，无论驾驶员朝向什么方向，都可以接收到听觉信号。然而，视觉信息受眼睛视野大小以及空间朝向的限制。第二，听觉通道几乎在所有时间都有接收信息的能力，在黑夜中甚至在闭眼睡觉时都能够接收信息（Banbury et al.，2001）。第三，大部分听觉输入是短暂的。一个单词或音调在被听到之后就消失了，与此相比，大部分的视觉输入是连续可见的。可见，听觉信号具有一定的优势，并且在一定程度上不占用视觉资源，驾驶员可以将注意快速集中在危险物体或道路上，因而广泛地应用在驾驶中，例如，停车期间逼近物体的告警声、行驶道路上外部危险接近的告警声（Nees & Walker，2011）。

听觉告警信号包括非言语信号和言语信号。非言语信号可以由单音或多音组成，例如蜂鸣声、喇叭声、铃声或数字化音调以及自然音等。语音、自然音和听标等都能较好地利用听觉通道传达驾驶预警信息。常见的自然音如"哔哔""滴答"声等，不仅可以有效地起到提醒驾驶员和提升接管绩效的作用，还能通过改变其呈现频率来传达不同的情景紧急性（Bazilinskyy et al.，2018）。"哔哔"自然音以及模拟驾驶中碰撞、轮胎打滑等危险事件相关联的声标音，相比其他声音信息更易于理解，能够有效缩短驾驶员反应时，减少碰撞的发生，受到广大用户的偏爱（Bazilinskyy et al.，2015）。言语告警信号相比非言语信号能传达更多信息，例如，潜在碰撞危险的方向信息，从而引导驾驶员的空间注意，加快反应速度。在复杂任务中，简单抽象非言语信号能够比言语信号触发更快的反应，但言语信号能够比非言语信号传递更高级别的语义（Politis et al.，2015）。有研究者认为，将以上具有不同优势的声音信息混合的预警效果可能更佳，如 Forster 等人（2017）发现相比只呈现"自然音"，在"自然音＋语音"混合的听觉接管请求下，驾驶员的接管绩效更佳，主观有用性评分也更高。

听觉信号还分为静态和动态的信号。动态听觉信号是指个体感受到不断逼近的声音，即随着情况的严重性而增强的声音。Gray（2011）在模拟碰撞场景中，考察了动态告警信号与静态告警信号对驾驶绩效的影响。结果显示，动态信号相比静态信号能触发更快的反应。研究者认为，听觉强度的动态特性提供了一种正在接近驾驶员的感受，可以根据声音信号的逼近强度来估计接触时间。功能磁共振成像（fMRI）研究也表明，强度增加的声音与右侧杏仁核和左侧颞区的激活有关，这表明，不断逼近的声音是一种内在的告警线索（Bach et al.，2007）。

然而，听觉预警并不在所有的情况下都有效。听觉系统容量有限，会被背景噪声／音乐或其他次要任务（与乘客交谈或使用移动电话）所干扰（Beruscha et al.，2011）。此外，听觉预警信息和同通道的非驾驶相关任务也可能会引起资源竞争，造成驾驶员漏听。有研究报告，一种通道的知觉负荷会影响另外一种通道的信号检测，即在高视觉负荷条件下，被试听觉的检测灵敏度会持续降低（Murphy & Dalton，2016）。高视觉注意负荷会对听觉信号检测的有效性产生负面影响，导致"无意识失聪"现象。

3. 触觉告警信号的优劣势

目前，随着驾驶舱内"耳标"、语音合成等听觉信息的增多，听觉信息也越来越复杂（Baldwin et al.，2012），从而导致听觉通道负荷过载。因此，许多研究者已经开始考虑以触觉形式呈现告警信号。触觉信号利用振动刺激的振幅、频率、时间和位置来引起个体的警觉，通常安装在驾驶座椅、方向盘、安全带及驾驶员的腰带上（Petermeijer，Hornberger，et al.，2017；Wan et al.，2018）。触觉信号的优点在于直接作用于人的皮肤上，被外界干扰的可能性较低，不会增加驾驶员的听觉和视觉负荷（Prewett et al.，2012）。同时，具有一定的私密性，只有驾驶员本人才能觉察到（Petermeijer et al.，2016）。

触觉信号分为非定向与定向（空间）信号。非定向触觉信号是指不提供空间方向的触觉信号。例如，通过方向盘振动来警示飞行员危险接近，或者利用手环振动来警示飞行员有视觉信息变化（Sarter，2006），这样既不会对主飞行任务产生干扰，同时也提高了告警的检测绩效。定向（空间）触觉信号可以将注意引向特定的方向或位置。例如，通过"拍打"士兵的右肩部来提示他的右边有一个敌人。具有方向性的振动信号也被证实可辅助驾驶员迅速反应，且具有空间定位的功能（Meng et al.，2015）。研究者也发现，振动刺激的

呈现顺序、振动器数量也会影响驾驶员的主观体验和预警绩效（Petermeijer，Hornberger，et al.，2017）。

尽管触觉信号较有潜力，但单一的触觉预警方式仍然有不可避免的缺陷。其一，对振动刺激的感知强度会受到驾驶员穿衣厚度的限制（Meng et al.，2015），颠簸道路或颠簸飞行状态也会增加触觉信息被忽视的可能性。其二，过于频繁的振动则会让驾驶员产生厌烦情绪，且相近时间内发出振动会使得信息的可理解性降低（Petermeijer et al.，2016）。其三，触觉信号只能捕获有限的信息，可以传达两个或三个不同维度的信息，并不适合传递多个警示信号（Fitch et al.，2011）。

4.2.2 多感觉告警信号的加工优势

由于不同感觉通道的信号各自存在缺点，设计者提出将来自不同感觉通道的信号组成多感觉告警信号，通过不同通道之间的优势互补来提升信号的有效性。美国联邦航空管理局（Federal Aviation Administration，FAA）在 2011 年 1 月发布了 131 号修正案，对第 25 部航空条例《运输类飞机适航标准》中第 1322 条与机组告警相关的适航性标准进行了更新修订，明确警告和警戒应采取听觉、视觉或触觉通道中的两种指示。这种由视觉、听觉或触觉等感觉通道信号组成的告警信号被称为多感觉告警信号。研究显示，人的大脑能够将来自不同感觉通道（视觉、听觉、触觉等）的信号整合为统一的、连贯的、有意义的知觉内容，这种加工被称为多感觉整合（Tang et al.，2016）。多感觉整合在行为学结果上表现为相比单一感觉通道的视觉或听觉信号，个体对同时呈现的多感觉告警信号（视觉、听觉或触觉信号）的反应更快速且更准确。

目前，研究者对多感觉信号的有效性进行了考察。Politis 等人（2015）研究了三通道（视觉、听觉和振动触觉）设备对驾驶员行为是否能够产生促进作用，发现相比单通道设备，驾驶员的感知觉紧迫性增强，感知警报效率提高。Oskarsson 等人（2012）在驾驶模拟器中测试了由听觉、触觉和可视化视觉显示器组成的空间提示危险方向的设备。结果显示，在军事威胁情景中，三通道设备提供的整体性能优于单独的任何一种设备，并且使用三通道设备不会增加工作负载。Petermeijer，Doubek 等人（2017）研究发现在接管任务为换道任务时，在听—触觉组合的接管请求下，驾驶员的接管反应比单触觉接管请求下更迅速。对比来看，单通道的接管请求具有一定的局限性，多通道告警信号能利用各通道的优势互补，引起驾驶员的注意，提升驾驶员的情境意识（Meng et al.，2015；Petermeijer，

Bazilinskyy，et al.，2017；Politis et al.，2015）。

虽然大部分研究结果表明，多感觉通道信号存在加工优势，然而多感觉信号是否稳定存在加工优势尚且存在争议。Gold 等人（2013）采用动态驾驶模拟器考察了分心驾驶员使用平板电脑的接管过程。结果显示，视听接管请求虽然能够加速驾驶员的决策反应，但其接管质量通常更差。具体来看，相比前置时间为 7 s 的接管请求，驾驶员在 5 s 情况下的接管反应时更短，但接管质量更差。因此，选择合适的设备来提供接管请求非常重要，特别是在紧急情况下，制动反应延迟几 ms 都可能发生碰撞。Samuel 等人（2016）对比了 4 s、6 s、8 s 和 12 s 前置时间下驾驶员情境意识的获得情况，发现前置时间至少为 8 s 时，驾驶员才能获得完整的情境意识。可见，感觉信号的叠加会造成信号冗余，反而会导致绩效下降。Wickens 等人（2011）发现冗余的文本和语言增加了准确性（安全性），但是降低了速度（效率）。例如，空中交通管制员给飞行员同时呈现文本和声音的指令（Helleberg & Wickens，2003），这种文本和语言的冗余呈现，虽然提高了信息理解的准确性（安全性），但是因为有两倍的信息要被加工，可能会延迟信息处理时间，反而导致绩效下降（Wickens et al.，2011）。另外，有研究者发现，不同场景下的多感觉信号产生不同的绩效效果。例如：有研究发现，虽然相比视觉信号，视—听觉和视—触觉信号组合在加速反应时和提高任务性能方面更有效；但在正常工作负荷条件下，视—听信号组合更有效；而在高工作负荷条件下，视—触觉信号组合更有效（Haas & Stachowiak，2007；Hancock et al.，2013）。可见，不同工作负荷下，多感觉通道信号的结果并不一致。飞行过程中的人、机、环境交互作用的动态复杂过程，不同告警信号的有效性可能会随驾驶环境的变化而变化，也就是不同程度的注意负荷下，最佳告警信号的组合方式可能不尽相同，并且告警信号有效性也可能会受到驾驶员自身因素（如驾驶熟练度、疲惫水平）和正在执行的非驾驶任务（如打电话、听音乐）的影响而发生改变。

4.3　注意负荷与信号检测有效性的关系

4.3.1　注意负荷的概述

Lavie 和 Tsal（1994）等提出了注意负荷理论（attentional load），认为注意负荷决定了注意资源对于信息的处理出现在早期还是晚期。注意是一个资源有限的系统，在资源充足的条件下，所有的信息都会被初步加工，然后进入注意晚期选择。反之，在资源不充足

的条件下，某些刺激就不能被加工，直接实现注意早期选择。所以，低负荷条件不会耗尽注意资源，所有的信息都会被加工，表现为个体对信号检测的反应时更短、检测成功率更高。高负荷条件会消耗大量的注意资源，导致注意对信号的加工减少，表现为个体对刺激检测的反应时更长、检测成功率更低。驾驶环境中的仪表显示、陆空通话、外部环境信息纷繁复杂，需要飞行员在驾驶任务中投入一定的注意资源。个体的注意资源是有限的，难以同时处理大量信息，注意资源匮乏可能会导致飞行员对信号的误判或漏判，最终酿成事故（Klauer et al.，2014）。根据负荷理论，负荷会导致注意资源匮乏和执行控制能力下降，从而影响飞行员的检测绩效。关于注意的测量，目前主要采用双重任务范式（dual task paradigm），它要求被试同时操作两项任务，其中一项为主要任务，另一个视作次要任务，两项任务同时进行，测定其成绩。双重任务范式包括快速序列视觉呈现（rapid serial visual presentation，RSVP）、时序判断（temporal order judgment，TOJ）等。

4.3.2　注意负荷对多感觉信号检测有效性的影响

相比单通道视觉线索，多感觉通道（视听觉）线索诱发了更大的外源性线索化效应，这表明多感觉通道（视听觉）线索发生的多感觉整合效应能更有效地捕获外源性注意（Matusz & Eimer，2011，2013）。然而，这一结果似乎与其他研究结果相矛盾：多感觉通道（视听觉）线索与单通道线索（听觉、视觉）引起的外源性线索化效应并无显著差异（Santangelo et al.，2008；Santangelo & Spence，2007）。后期研究者发现，这一矛盾是由于知觉负荷的调节作用。当操控被试的知觉负荷后，只有多感觉通道线索能够引起外源性线索化效应。也就是说，当被试在复杂任务的高负荷条件下，即，在同一时间内既需要完成实验主任务，又需要完成如快速序列视觉呈现或时序判断等次任务的条件下，多感觉通道线索具备更大的优势（Barrett & Katrin，2012）。同样，类似的结果在听触觉研究中也被发现。事件相关电位（ERP）研究结果显示，外源性视听线索相比单独的视觉和听觉线索，诱发了更强的对侧顶枕区 P1 成分活动。研究者认为，基于注意负荷理论，个体的注意资源有限，当前任务对注意资源的占用程度决定了与任务无关的刺激得到多少加工。在复杂任务的高负荷条件下，较少的资源可用于加工与任务无关的线索刺激，只有整合后的多感觉通道线索刺激才具备更大的凸显性，能够更加集中地以刺激驱动的方式捕获个体的空间注意（Krause et al.，2012），从而促进注意指向。

在飞行的不同阶段，飞行员面临的注意负荷通道不同，并且涉及的负荷程度也并不一致。具体来看，飞行中的巡航阶段，飞行参数及驾驶舱仪表数据相对稳定，有关本航班的无线电指令相对较少，飞行员只需进行一般监控或监听，因此涉及较低的视觉或听觉负荷。飞行中的滑跑阶段、爬升阶段、转弯阶段等，飞行参数相对不稳定，飞行员需对驾驶舱仪表数据进行持续监控，涉及较高视觉负荷。飞行中的进场阶段、离场阶段等，有关本航班的无线电指令相对较多，无线电广播内容与飞行密切相关，飞行员必须进行持续监听。并且当无线电通话出现与飞机相关的航班号时，飞行员必须认真听取并复诵通话内容，具有较高的听觉负荷。在飞行中的复飞、遇险等非正常阶段，飞行员不仅需要对驾驶舱的仪表数据进行密切监控，当相关数据匹配目标数据时，进行必要的操作以确保飞行安全，还需要认真听取、复诵大量有关本航班的无线电通话指令，因此，涉及较高视听觉负荷（见图 4.3）。总之，大脑在接收来自不同感觉通道的信号输入时，不同通道的注意资源均在一定程度上被占用，从而影响对信号的加工（Murphy et al.，2017）。

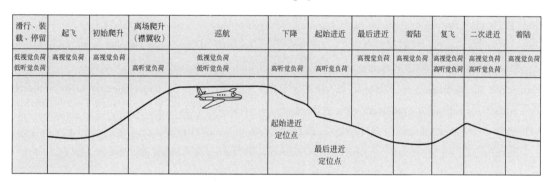

图 4.3　飞行不同阶段的知觉负荷变化

参考文献

Bach, D. R., Schächinger, H., Neuhoff, J. G., Esposito, F., Salle, F. D., Lehmann, C., ... & Seifritz, E. (2007). Rising sound intensity: an intrinsic warning cue activating the amygdala. *Cerebral Cortex*, *18*(1), 145-150.

Baldwin, C. L., Eisert, J. L., Garcia, A., Lewis, B., & Gonzalez, C. (2012). Multimodal urgency coding: auditory, visual, and tactile parameters and their impact on perceived urgency. *Work, 41*, 3586-3591.

Banbury, S. P., Macken, W. J., Tremblay, S., & Jones, D. M. (2001). Auditory distraction and short-term memory: Phenomena and practical implications. *Human factors*, *43*(1), 12-29.

Barrett, D. , & Krumbholz, K. (2012). Evidence for multisensory integration in the elicitation of prior entry by bimodal cues. *Experimental Brain Research,* 222(1-2), 11-20.

Bazilinskyy, P. ,Petermeijer, S. M. , Petrovych, V. , Dodou, D. , & De Winter, J. C. F. (2018). Take-over requests in highly automated driving: a crowdsourcing multimedia survey on auditory, vibrotactile, and visual displays. *Transportation Research Part F Traffic Psychology &Behaviour*, 56, 82-98.

Bazilinskyy, P., & De Winter, J. C. F. (2015). Auditory interfaces in automated driving: an international survey. *PeerJ Computer Science 1,* 13.

Beruscha, F., Augsburg, K., & Manstetten, D. (2011). Haptic warning signals at the steering wheel: A literature survey regarding lane departure warning systems (short paper).

Chica, A. B., Bartolomeo, P., & Lupiáñez, J. (2013). Two cognitive and neural systems for endogenous and exogenous spatial attention. *Behavioural Brain Research, 237*(1), 107-123.

Fitch, G. M., Hankey, J. M., Kleiner, B. M., & Dingus, T. A. (2011). Driver comprehension of multiple haptic seat alerts intended for use in an integrated collision avoidance system. *Transportation research part F: traffic psychology and behaviour, 14*(4), 278-290.

Forster, Y., Naujoks, F., Neukum, A., & Huestegge, L. (2017). Driver compliance to take-over requests with different auditory outputs in conditional automation. *Accident Analysis & Prevention,* 109, 18-28.

Gold, C., Damböck, D., Lorenz, L., & Bengler, K. (2013). "Take over!" How long does it take to get the driver back into the loop?.*In Proceedings of the human factors and ergonomics society annual meeting* (Vol. 57, No. 1, pp. 1938-1942). Sage CA: Los Angeles, CA: Sage Publications.

Gray, R. (2011). Looming auditory collision warnings for driving. *Human factors,53*(1), 63-74.

Haas, E., & Stachowiak, C. (2007). Multimodal displays to enhance human robot interaction on-the-move. *In Proceedings of the 2007 Workshop on Performance Metrics for Intelligent Systems,* 135-140.

Hancock, P. A., Mercado, J. E., Merlo, J., & Van Erp, J. B. F. (2013). Improving target detection in visual search through the augmenting multisensory cues. *Ergonomics, 56*(5), 729-738.

Helleberg, J. R., & Wickens, C. D. (2003). Effects of data-link modality and display redundancy on pilot performance: An attentional perspective. *The International Journal of Aviation Psychology,* 13(3), 189-210.

Hopfinger, J. B., & West, V. M. (2006). Interactions between endogenous and exogenous attention on cortical visual processing. *Neurolmage, 31*(2), 774-789.

Jonides, J., & Irwin, D. E. (1981). Capturing attention. *Cognition,10*(1), 145-150.

Klauer, S. G., Guo, F., Simons-Morton, B. G., Ouimet, M. C., Lee, S. E., & Dingus, T. A. (2014). Distracted driving and risk of road crashes among novice and experienced drivers. *New England journal of medicine, 370*(1), 54-59.

Krause, H., Schneider, T. R., Engel, A. K., & Senkowski, D. (2012). Capture of visual attention interferes with multisensory speech processing. *Frontiers in integrative neuroscience, 6*(67).

Lavie, N., & Tsal, Y. (1994). Perceptual load as a major determinant of the locus of selection in visual attention. *Perception & psychophysics,* 56(2), 183-197.

Macaluso, E. (2010). Orienting of spatial attention and the interplay between the senses. *Cortex, 46*(3), 282-297.

Matusz, P. J., & Eimer, M. (2011). Multisensory enhancement of attentional capture in visual search. *Psychonomic Bulletin & Review,* 18(5), 904-909.

Matusz, P. J., & Eimer, M. (2013). Top-down control of audiovisual search by bimodal search templates. *Psychophysiology, 50*(10), 996-1009.

Meng, F., & Spence, C. (2015). Tactile warning signals for in-vehicle systems. *Accident Analysis & Prevention,*

75, 333-346.

Miller, G. A. (1956). The magical number seven, plus or minus two: Some limits on our capacity for processing information. *Psychological review*, 63(2), 81.

Murphy, S., & Dalton, P. (2016). Out of touch? Visual load induces inattentional numbness. *Journal of experimental psychology: Human Perception and Performance*, 42(6), 761.

Murphy, S., Spence, C., & Dalton, P. (2017). Auditory perceptual load: A review. *Hearing Research*, 352, 40-48.

Nees, M. A. ,& Walker, B. N. (2011). Auditory displays for in-vehicle technologies. *Reviews of Human Factors & Ergonomics*, 7(1), 58-99.

Oskarsson, P. A., Eriksson, L., & Carlander, O. (2012). Enhanced perception and performance by multimodal threat cueing in simulated combat vehicle. *Human factors,54*(1), 122-137.

Petermeijer, S. ,Doubek, F. , & Winter, J. D. (2017). Driver response times to auditory, visual and tactile take-over requests: A simulator study with 101 participants. 2017 IEEE International Conference on Systems, Man and Cybernetics (SMC). IEEE.

Petermeijer, S. M., Bazilinskyy, P., Bengler, K., & de Winter, J. C. F. (2017). Take-over again: investigating multimodal and directional tors to get the driver back into the loop. *Applied Ergonomics, 62,* 204-215.

Petermeijer, S. M., De Winter, J. C., & Bengler, K. J. (2016). Vibrotactile displays: A survey with a view on highly automated driving. *IEEE Transactions on Intelligent Transportation Systems, 17*(4), 897-907.

Petermeijer, S. M., Hornberger, P., Ganotis, I., de Winter, J. C. F., & Bengler, K. J. (2017). The design of a vibrotactile seat for conveying take-over requests in automated driving. *In International Conference on Applied Human Factors and Ergonomics* (pp. 618-630). Springer, Cham.

Politis, I., Brewster, S., & Pollick, F. (2015). Language-based multimodal displays for the handover of control in autonomous cars. *In Proceedings of the 7th International Conference on Automotive User Interfaces and Interactive Vehicular Applications*, 3-10.

Posner, M. I. (1980). Orienting of attention. *Quarterly journal of experimental psychology, 32*(1), 3-25.

Prewett, M. S., Elliott, L. R., Walvoord, A. G., & Coovert, M. D. (2012). A meta-analysis of vibrotactile and visual information displays for improving task performance. *IEEE Transactions on Systems, Man, and Cybernetics, Part C (Applications and Reviews), 42*(1), 123-132.

Rafal, R., & Henik, A. (1994). The neurology of inhibition: Integrating controlled and automatic processes.

Samuel, S., Borowsky, A., Zilberstein, S., & Fisher, D. L. (2016). Minimum time to situation awareness in scenarios involving transfer of control from an automated driving suite. *Transportation Research Record: Journal of the Transportation Research Board, 2602*(1), 115-120.

Santangelo, V., & Spence, C. (2007). Multisensory cues capture spatial attention regardless of perceptual load. *Journal of Experimental Psychology: Human Perception and Performance, 33*(6), 1311-1321.

Santangelo, V., Van der Lubbe, R. H., Belardinelli, M. O., & Postma, A. (2008). Multisensory integration affects ERP components elicited by exogenous cues. *Experimental Brain Research, 185*(2).

Sarter, N. B. (2006). Multimodal information presentation: design guidance and research challenges. International Journal of Industrial Ergonomics, 36(5), 439-445.

Shappell, S., Detwiler, C., Holcomb, K., Hackworth, C., Boquet, A., & Wiegmann, D. A. (2007). Human error and commercial aviation accidents: an analysis using the human factors analysis and classification system. *Human Factors*, 49(2), 227-242.

Tang, X. Y., Wu, J. L., & Shen, Y. (2016). The interactions of multisensory integration with endogenous and exogenous attention. *Neuroscience & Biobehavioral Reviews, 61*, 208-224.

Wan, J. Y., & Wu, C. X. (2018b). The effects of vibration patterns of take-over request and non-driving tasks on taking-over control of automated vehicles. *International Journal of Human-Computer Interaction*, *34*(11), 987-998.

Wege, C., Will, S., & Victor, T. (2013). Eye movement and brake reactions to real world brake-capacity forward collision warnings: a naturalistic driving study. Accident Analysis and Prevention, 58(Sep.), 259-270.

Wickens, C. D., Prinet, S., & Hutchins, et al. (2011). Auditory-visual redundancy in vehicle control interruptions: two meta-analyses. *Proceedings of the Human Factors and Ergonomics Society Annual Meeting*, 55(1), 1155-1159.

Yantis, S., & Jonides, J. (1984). Abrupt visual onsets and selective attention: evidence from visual search. *Journal of Experimental Psychology: Human perception and performance*, *10*(5), 601.

常若松, 袁璐一, 马锦飞. (2019). 新手驾驶员水平注意广度对驾驶绩效及任务负荷的影响. 辽宁师范大学学报 (社会科学版), 3.

高扬, 郝炳瑕, 李敬强. (2017). 基于神经系统特性测试的民航飞行员注意稳定性. 科学技术与工程, 17(22), 5.

郝炳瑕. (2017). 注意品质对飞行员操作行为的影响研究. 中国民航大学博士学位论文.

李辉, 景国勋, 贾智伟, 段振伟. (2009). 驾驶员注意力分配定量方法研究. 中国安全科学学报, 19(2), 4.

刘宁, 张侃. (2007). 驾驶分心的测量方法. 人类工效学, 13(2), 3.

彭聃龄. (2001). 普通心理学 (修订版). 北京：北京师范大学出版社.

彭姓, 常若松, 李奇, 王爱君, 唐晓雨. (2019). 不同SOA下视觉返回抑制对视听觉整合的调节作用. 心理学报, 51(7), 13.

施臻彦, 葛列众, 胡晓晴. (2010). 驾驶分心行为的测量方法及其应用研究进展. 人类工效学, 16(3), 70-74.

唐晓雨, 吴英楠, 彭姓, 王爱君, 李奇. (2020). 内源性空间线索有效性对视听觉整合的影响. 心理学报, 52(7), 12.

王华容, 陶林, 戴家隽. (2012). 长途客运驾驶员注意品质状况调查. 交通医学, 26(1), 39-42.

王一楠, 宋耀武. (2011). 内源性眼跳与注意转移关系研究述评. 心理与行为研究, 9(2), 154-160.

张裕婕. (2018). 模拟飞行任务中的飞行学员眼动特征分析. 中国民航大学硕士学位论文.

第 5 章

空间定向障碍

5.1 空间定向障碍概述

2010 年 5 月 12 日上午 6 时，一架 A330 客机在降落黎波里国际机场时坠毁（见图 5.1）。这是一班由南非约翰内斯堡飞往利比亚首都的黎波里的泛非航空的定期航班——771 号班机。机上 93 名乘客及 11 名机组人员，仅一名 10 岁的男童生还。利比亚调查员最后给出的事故报告中指出，导致此次事故的主要原因是在飞机复飞时飞行员之间糟糕的协作与空间定向障碍并发。原本该航班在首次降落时，就已经遭遇低云层，能见度低，导致过早降落，触发地形提示和警告。机长在情急之下立即下令复飞，随后便失去情景意识，甚至都忘记了使用标准的呼出用语。副驾驶及时地将机头上仰，并将推力杆推至复飞位。但飞机加速上仰，极易导致飞行员产生躯体重力错觉，从而过高地估计飞机的上仰角度。不幸的

图 5.1　泛非航空 771 号班机事故

是，飞行员并没有意识到这一点，在飞机上仰角度达到 12.3° 后，机组将起落架和襟翼收起，随后开始压低机头。21 s 后，机头已经成 3.5° 下俯，副驾驶却还把注意集中在飞机的速度表上。因此很快飞机就失去了高度，再次触发地形提示和警告以及近地警告。可是由于机长也产生了躯体重力错觉，过高地估计了飞机的仰角，他立即将机头猛压。虽然此时副驾驶努力地将操纵杆往回拉，但也无济于事。直到坠机前 2 s，机长才反应过来飞机机头并不是上仰的，应该往回拉操纵杆，但此时已经无力回天（Kaminski-Morrow，2013）。泛非航空 771 号班机事故是一起典型的由空间定向障碍导致的特大飞行事故。

类似的还有 2008 年 9 月 14 日，俄罗斯北方航空公司一架波音 737 由莫斯科飞往俄罗斯中部城市彼尔姆，由于飞行员不熟悉该机型的仪表，导致空间定向障碍，最后在彼尔姆郊区准备着陆时坠毁。机上 82 名乘客和 6 名机组成员全部遇难。

事实上，在航空领域，空间定向障碍十分普遍且对飞行安全有严重威胁。因为空间定向障碍发生时对飞行员的认知也有较大影响。有研究发现，在模拟空间定向障碍飞行时，飞行员的数字广度任务，有步调的听觉连续相加任务（paced auditory serial addition task，PASAT）的准确率与反应时都会变差（Webb et al.，2012）。飞行表现与注视行为也会变差（Ledegang & Groen，2018），例如，在感知到虚假天地线时会诱发 0.41°/s ± 0.36°/s 的无意识滚转操作。科里奥利错觉会导致飞行员观察高度表的反应延迟 0.44 s ± 0.18 s，同时也会诱发 1.25°/s ± 1.33°/s 的无意识滚转，以及在协调转弯时倾斜角偏离 3.4° ± 3.7°。

当空间定向障碍发生在紧急情况下时，就极易出事故。研究发现，如果是在精确进近阶段发生科里奥利错觉，飞行员操作飞机的轨迹就会产生严重的偏差（Boril et al.，2020）。另外，如果空间定向障碍是发生在不知情的情况下，则会导致飞行员沿错误方向飞行，同样还会降低认知能力等。一项空中飞行实验发现，飞行员给旁边蒙上眼睛的被试一个倾斜的运动线索，然后再让被试摘掉眼罩操作飞机。不管此时飞机是平飞的，还是与倾斜线索相反倾斜着飞的，都会诱发被试朝与倾斜线索相反方向的错误滚转操作（Landman et al.，2019）。一项脑电研究证实，飞行员在经历了类似空间定向障碍，但没意识到的情况下，大脑里的 θ 频段的脑电的网络连接会减弱。这种神经活动特征类似于轻微认知功能受损者的脑活动（Yan et al.，2015）。因此，空间定向障碍的危害不可小觑。

目前，世界各国 20%~30% 的 A 级飞行事故与空间定向障碍有关（Neubauer，2000）。由空间定向障碍直接或间接导致的事故占所有飞行事故的 33%，而且空间定向障碍事故的死亡率几乎是 100%（Gibb et al.，2011）。据美国空军安全中心 2010 年的事故调查统计，几十年来，空间定向障碍引起的事故在美国空军飞行事故中所占的比例都没有明显下降。为此，美军还为全世界空间定向障碍方面的顶级科学家研究克服空间定向障碍的对策提供专项资助。早在 2000 年时，在美国军事重镇得克萨斯圣安东尼奥就举行了一场题为"空间定向障碍研究进展"的会议，探讨过去几十年在此领域取得的成就以及未来研究的重心（Previc & Ercoline，2004）。

而在国内，空军杭州航空医学鉴定训练中心的黄炜等人，对 2001—2008 年来该中心的空军飞行员 1275 人进行的飞行错觉问卷调查揭示：前庭本体性错觉的发生率为 83.7%，前庭视性错觉发生率为 59.2%，视性错觉发生率为 82.8%，中枢性错觉发生率为 45.1%（黄炜　等，2011）。说明空间定向障碍在我国的飞行员身上同样是普遍存在的。

事实上，自人类开始驾驶飞行器开始，空间定向障碍就一直伴随着飞行员。这一百多年来，研究者对空间定向障碍的研究及其对策的探索从未停止过。目前，大多数国家的研究者认可的空间定向障碍的定义是"飞行员在地表和重力垂向所确定的坐标系中未能正确地感知到飞机或他本人的位置、运动或姿态"（Previc & Ercoline，2004）。简单来说就是，飞行员在三维空间飞行中对飞行姿态、位置和运动状况的错误感知。例如，飞行员在云层间穿梭时，如果遇到了原本倾斜的云层，就极易把它当成是与地面平行的，从而误认为原本与地面平行的飞机在上仰或俯冲。很显然这种感觉与事实不符，因而被认为是一种错觉。

在很多空间定向障碍的研究中，它又被叫做"飞行错觉"。但是二者仍然有一些区别。有些空间定向障碍并非由错觉直接导致，而是因情绪或者情境意识丧失导致。飞行错觉这个概念强调的是人的认知错误，而空间定向障碍的概念包括所有在空间定向上出现错误的结果。可以说，后者是一个大于前者的概念。不过，从 20 世纪 90 年代开始，越来越多的研究者开始采用空间定向障碍这个概念来代替飞行错觉。

经过几十年的积累，空间定向障碍相关的事故案例不断丰富。例如，孙瑞山和虞珊珊（2009）为了充分利用空间定向障碍的数据，开发了一套飞行错觉事故信息数据库（见图 5.2），实现了对飞行错觉事故的信息数据统计、数据查询和对比功能。该数据库包括了事故基本信息、飞行员基本信息、飞行错觉分类、错觉发生条件 4 个模块，为飞行错觉的深入研究提供了便利。近年来，关于空间定向障碍的研究逐渐由关注其发生机制转变到如何克服空间定向障碍。研究者对其发生机制以及影响因素等有了更深刻的认识，并据此提出了十分系统的飞行错觉训练方法。

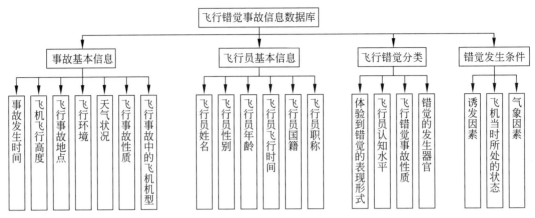

图 5.2　飞行错觉事故信息数据库模块图（孙瑞山，虞珊珊，2009）

5.2 空间定向障碍的影响因素

为什么空间定向障碍的发生率非常高呢？这要从人类的进化史说起。人类在几百万年来进化出一套非常适合在地面进行空间定向的视觉以及前庭感觉系统。当人类飞上天空后时常会遇到在三维空间中的加速运动，而不仅仅是与地面平行的加速运动。这套在地面形成的空间定位系统时常出现错觉，产生与事实不符的方位感知。

在地面上活动时，人类的前庭器官能感知到地球施加给我们的重力方向指向地心。但是当在空中飞行时，如果飞机加速度运动，前庭器官就会额外再接受一个力。就算飞机与地面平行加速，这个力与重力的合力的方向也会偏离地心。如果飞行员在地面形成的空间定向系统自主运行，势必将与该合力方向垂直的平面误认为是地面，从而产生空间定向障碍。

另外，在地面上活动时，我们已经熟悉周围的视觉环境中可能出现的各种光照角度和透视关系。但当到了天空中，高度越高，光照和透视的变化越小，导致飞行员感受到的相对速度也越小。例如：地面上早已形成的上明下暗的经验对于飞行员来说就不再适用，在夜晚的城市上空飞行极易产生头下脚上的倒置错觉；另外，在天空中视野非常开阔，能看见非常远的地方，这导致地平线也变得非常遥远而易与其他线条相混淆。

类似以上与地面活动中形成的空间定向系统中的规则不相符合的情况还非常多。可以说航空系统中各个因素都可能直接或间接地导致空间定向障碍。爱德华提出了用于描述飞行中人的因素的 SHEL 模型（见图 5.3），该模型指出，飞行中，飞行员的错误有 4 个来源，即 S — software（软件），H — hardware（硬件），E — environment（环境），L — liveware（人）。

下面我们就从这 4 个方面介绍影响空间定向的因素。

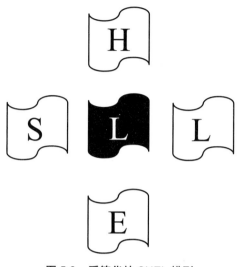

图 5.3　爱德华的 SHEL 模型

5.2.1　软件

虽然随着技术的发展，现代飞机的各项软硬件设计得越来越合理，但是在役飞机也有很多老飞机，很多是 20 世纪中叶设计的。飞机的各种飞行手册、飞行程序、计算机程序、信息的显示等非物理性的信息在诞生之初并不是百分之百合理的。例如，2008 年 9 月 14 日，一架北俄罗斯航空的波音 737 客机坠毁。事故调查发现，执飞机长在最紧要的关头搞混了姿态仪，最终导致飞机撞向地面。原来这位俄罗斯机长过去长期执飞苏式飞机图 134。苏式与美式飞机的姿态仪存在巨大差异。美式飞机姿态仪是将飞机固定在仪表上的，飞行姿态变动时，由地平线的变动来表示倾斜角度。但苏式飞机姿态仪恰好相反，地平线固定，飞机变动。正是由于这种设计上的反差，让飞行员在紧急关头出现错误反应，产生了空间定向障碍。如果姿态仪的设计规则能统一，那么这种类似的事故也就不会再发生。

甚至，我们也不敢保证最新的飞机软硬件就没有任何不合理的地方。例如，一些飞机上的平视显示器就存在诸多问题。美国空军在最初使用此类显示器时有 30% 的飞行员报告更容易产生空间定向障碍。平视显示器色彩单一，以及为了避免挡住视线而不能使用地形特征符号，这就容易导致飞行员分不清地面与天空，从而更易导致倒飞错觉。另外，平视显示器的各种符号的显示与实际外界景物之间的转换时发生的调节转化，以及符号理解困难，信息杂乱等会对注意力消耗过多，从而导致空间定向障碍。因而，平视显示器这种先进的显示方式也有许多需要改进的地方。

5.2.2　硬件

我们再来看看各种硬件对空间定向障碍的影响。最显而易见的是飞机本身可能给飞行员带来的影响。例如，能持续高线加速度、高角加速度飞行的高性能战斗机可以对飞行员的前庭器官施加几倍于重力的力，因而极易引起空间定向障碍（于立身，1999）。黄炜等人（2010）对 2001—2008 年间去疗养院的空军飞行人员进行飞行错觉问卷调查统计，发现机动性较强的歼击机、强击机、初教机的飞行人员飞行错觉发生率分别高达 97.0%、93.8%、92.9%。而机动性较弱的轰炸机、运输机、直升机飞行人员飞行错觉发生率分别为 72.5%、65.3%、76.3%。前者明显高于后者。而且飞机的驾驶舱布局与设计如果不合理，也易引起空间定向障碍。除此之外，还有不熟悉的仪器、座舱盖的形状等也是重要影响因素（Wang et al.，2019）。另外飞行员使用的一些设备，如夜视仪也是空间定向障碍的来源。据调查约 3% 的美国空军飞行员有发生过因夜视设备而导致的事故。夜视设备虽能提高夜间飞行的可靠性，但它提供的视觉环境与白天观察到的视觉环境有较大差异，存在对比度低、分辨率低、颜色单一、视野狭小等问题，因而极易诱发空间定向障碍（肖玮，苗丹民，2013）。

5.2.3　环境

最容易导致空间定向障碍的是环境因素。除了地形地貌、云雨雾等，还有一些仍然能引起研究者注意且有待深入研究的环境因素。例如，海面是一种缺乏参照物，又与天空颜色相近的环境。飞行员不仅容易疲劳，还容易产生"海天一线"的感觉，不易分辨天地线。另外，在不同的高度观察海面的颜色差异较大。当飞行员能看清波浪时，判断高度容易偏低，而判断速度容易偏小。范景霞和宗玉国（2001）调查歼击机飞行员海上飞行错觉的发生率，发现错觉发生率最高的为距离、高度错觉，高达 64.44%。再如，地面灯光在夜间飞行时易造成视觉疲劳，从而诱发空间定向障碍。因为灯源会打在视网膜上并形成后效。在着陆阶段经历了强光源的视觉后效后就极易产生空间定向障碍，如果换用冷阴极荧光灯就不会产生强烈的视觉后效（Schmidt，1999）。更复杂的环境是高原飞行。高原机场周围不仅净空条件差，地形复杂，而且飞机在高原着陆时真空速比在平原上大，飞机的动力由于更稀薄的空气而减小，从而需要更长的着陆和起飞距离。如果用平原飞行的经验在高原着陆，极易导致落地姿态过大。就算是熟练了高原着陆的飞行员，稍不注意也容易出现目测距离过高、落地滑跑距离过长的现象（尚永锋，蒋刚毅，2019）。

5.2.4　人

最后，空间定向障碍也受飞行员自身的因素，即人的因素的影响。与人的因素相关的飞行事故高达 70% 以上。而且随着硬件、软件的进步，人的因素导致的事故还呈上升趋势。飞行员的心理，尤其是认知活动是空间定向能力的基础。某些认知能力的欠缺是空间定向障碍的重要诱因。例如，姚钦等人在空间定向障碍模拟器上，对 23 名高性能战斗机飞行员进行基于复杂气象和高负荷任务下的空间定向能力测试。结果发现，空间定向能力成绩与心理测试得分相关性最高，其次与专家测试成绩相关，与飞行技能测试成绩不相关。这表明空间定向能力确与心理存在密切的关系（姚钦　等，2018）。

另外，具体到认知活动，游旭群等采用视觉空间能力测验测试了飞行员的空间认知分数。该测验内容包括定位、定向、图画完形和积木等四项。他们利用区间模糊统计的方法对常见飞行错觉及其产生的频率进行赋值，并通过公式 $I = f_i x_i$ 分别计算出每个被试的飞行错觉水平量值（I）。其中 f_i 表示每个飞行员产生的相应的错觉的频率；x_i 表示每个飞行员产生的相应的错觉的类型。他们将大于水平量值均数一个标准差的被试列为重度错觉组，而将小于水平量值均数一个标准差的被试列为轻度错觉组。结果发现，轻度错觉组飞行员的空间认知分数明显优于重度错觉组的飞行员。这表明空间认知能力与飞行员的飞行空间定向能力紧密联系（游旭群　等，1995）。

范卫华等考察了飞行员在 3 个旋转平面 / 轴（横断面 /z 轴、冠状面 /x 轴、矢状面 /y 轴）、3 种体位（直立位、平卧位、侧卧位）和 2 种任务（视者旋转和客体旋转）下的心理旋转活动，发现飞行员在直立位时，横断面的心理旋转的平均反应时与其飞行错觉量有显著的正相关（范卫华，2005）。这说明空间认知加工能力中的视觉表象加工能力与飞行错觉有一定的联系。

除空间认知能力与空间定向有直接的联系外，飞行员的认知风格与空间定向能力也存在一定的关系。游旭群等采用认知分化测验、团体镶嵌图形测验以及飞行定向水平的模糊评价技术，检验现役歼击机飞行员的认知特征、场独立性和飞行空间定向水平之间的关系，发现视觉空间能力和场独立性具有紧密的关系，且飞行员的场独立性水平越高，其错觉水平就会越低。因此，场独立性也是预测飞行错觉水平的一个有效的指标（游旭群，于立身，2000）。

除此之外，认知任务的多少会挤占心理资源，也会对空间定向造成一定影响。Lewkowicz 等人（2018）研究了变化检测的认知任务是否会影响飞行员对空间定向障碍的

反应。他们发现闪烁光点的变化检测认知任务会增加飞行员的认知负荷，从而降低飞行表现，使飞行员更易受虚假天地线、带坡度和狭窄的跑道的影响，并受到科里奥利错觉的影响。他们还采用选择性听觉注意测试来考察飞行员在模拟飞行的各个阶段受此认知任务的影响，以及该任务对视觉与前庭空间定向障碍的影响。研究发现，该任务在进近与着陆阶段，不管有没有视觉空间定向障碍，都会严重影响飞行表现。不过在有诱发出前庭空间定向障碍的条件下，飞行表现受影响的程度要强于没有前庭空间定向障碍的条件。研究还发现，因为听觉选择性注意占用过多认知资源，在飞行员经历空间定向障碍时甚至会丧失情景意识，专注于听觉任务（Rafał et al.，2018）。

另外，飞行员的观察方式也是一个重要因素。于立身等人（1999）考察了不同仪表视觉定向方式对模拟的前庭性错觉的行为反应的影响。结果发现，在突然看仪表的定向方式下，受前庭本体错觉影响发生的操纵错误动作度数均值分别为8°-58°~14°-58°，这明显严重于连续看仪表定向方式下的错误操纵动作度数1°-11°~0- 21°。因而推测飞行员的"间断、突然、扫视"的仪表定向方式易诱发难克服的空间定向障碍。

李靖等人（2019）发现，视觉搜索效率可能也是空间定向障碍产生的重要原因之一。飞行员仪表飞行错觉的发生与高度表、地平仪及升降速表的正确判读具有一定的关联。表现在飞行员仪表飞行错觉水平与升降速表注视时间呈现显著正相关；与高度表反应正确率、地平仪反应正确率呈现显著负相关。说明飞行员利用视觉搜索判读仪表越高效，出现仪表飞行的错觉就越少。

总之，飞行员的空间定向受众多因素影响。目前，仍然有许多可能影响空间定向的因素并未研究清楚，因而在降低空间定向障碍的发生率上遇到瓶颈。

5.3 空间定向障碍的训练

空间定向障碍的训练现状面临着一个较大的挑战是，目前大多数航空公司是低估飞行错觉训练的重要性的。他们认为通用航空飞机和民航运输机并不做大加速度的机动飞行，因而出现飞行错觉的可能性很小。而事实上，大多数通用航空致命飞行事故的一个诱发原因就是飞行错觉。

空间定向障碍虽不可避免，但事故的发生率总是能尽量降低的。科学的训练可以提高飞行员的空间定向能力。叶万钧等人（1998）的调查发现，随着飞行时数的不断增加和飞行经验的日益丰富，飞行员的错觉水平有逐渐降低的趋势，这一点在重度错觉水平上表现得尤为明显。事实上，成熟的飞行员的空间定向能力在多方面优于常人（晏碧华　等，2011）；在方向判断上也优于常人（Verde et al.，2018）。由此，我们推测在飞行错觉水平上存在着程度不同的练习效应。换言之，飞行训练的确有助于飞行员空间定向机制的完善（叶万钧　等，1998）。

实证研究发现，克服空间定向障碍的训练不仅能提高飞行员的飞行表现，还能降低飞行员的心理、生理压力。在 Tropper 等人（2009）的研究中，将接受训练的飞行员分成 3 组，分别是只知晓空间定向障碍相关理论，知晓并在模拟器上接受空间定向障碍训练，只在模拟器上进行普通飞行训练。最后让这 3 组飞行员在模拟器上参加易出现空间定向障碍的条件下的飞行测试，发现接受训练组的心跳明显优于另外两组（Tropper et al.，2009）。

要检验空间定向障碍的训练效果，就离不开各种测评技术。简单的有于立身等设计的"飞行错觉水平量表"问卷调查，以及游旭群等人设计的空间定向认知测评，对心理感受和认知能力进行测评。复杂的有采用各种仪器设备对飞行错觉相关的生理表现进行测试。我国早在 20 世纪 70 年代就通过温度性眼震电图来检查鉴定严重飞行错觉患者。该检测方法是向两耳灌注不同温度的水，从而刺激前庭感受器，在该条件下的眼震电图能够反映前庭功能两侧的不对称性。有飞行错觉的飞行员会在"两侧不对称"以及"方向优势"这些指标上显著超出正常水平（于立身　等，1982）。实际上，前庭感受器受到刺激后，除发生眼震外，还会有头动、姿势调整等，因此在检查前庭器时，还应有对姿势调整等参数的测量。近年来，越来越多的研究会通过测力台采集受试者足底压力中心的变化来检测飞行错觉的发生。研究发现，受试者主观发生相对运动错觉比主观没有发生相对运动错觉时，足底压力中心的偏移量更大（Fushiki et al.，2005；Thurrell & Bronstein，2002）。除此之外，也可以采用视频运动分析设备，来分析受试者的头部和躯干的偏移情况，来检测相对运动错觉产生时身体姿态的变化（Kozhina et al.，2015）。

目前，针对飞行错觉的训练主要包括地面训练和飞行中的训练。

在地面训练中，主要包括理论学习、思想政治教育以及情景训练和模拟器训练等。例如，刘平中等对需要执行海上飞行的空军飞行员进行了一系列的心理训练。这包括地面训练中的飞行错觉理论学习，通过思想政治教育增强意志，观看飞行错觉视频，分析各种错觉发生的原因和过程，再加上地面模拟飞行，空中飞行错觉模拟飞行与视觉空间认知训练。训练前后对比发现海上低空或超低空飞行中常见的错觉发生率平均降低 11.1%；而对此类错觉的正确处理率平均上升 35%（刘平中　等，2006）。

飞行错觉训练模拟器也是未来的发展趋势。近年来，仅国内就开发有多个模拟训练

系统。且随着技术的更新，飞行模拟器也在不断的改进。毕红哲研制了仪表视觉空间定向能力训练模拟器，该设备由呈现仪表、平视仪、视景显示系统的大屏幕显示器，以及杆、舵、油门操纵系统和座舱构成。整机可实现仪表复杂状态判断和操纵训练、仪表闪现认读训练、坚信仪表训练等。他们对 11 名现役高性能战斗机飞行员进行训练，发现训练前后在各项任务的反应时与正确率指标上都有显著的改善（毕红哲　等，2010）。于立身发明了一套包括座舱系统、转台系统、基座和教员控制台系统的飞行错觉体验训练模拟器（黄炜　等，2012）。该模拟器能有效地使飞行员在地面上体验模拟前庭性飞行错觉，诱发率高、刺激量适宜、训练效果好。他们让 46 名歼（强）击机飞行员进行错觉体验，记录其空间感觉主诉、对自身状态的反馈、自主神经反应及对训练效果的评价。结果发现，前庭性错觉总诱发率为 91.7%，不旋转错觉诱发率 100.0%，反旋转错觉 100.0%，科里奥利错觉 91.7%，躯体重力错觉 78.6%，超重错觉 94.4%，眼震效应 100.0%。错觉体验率为 100.0%。 程洪书等人开发了一套理论与实践相结合的飞行错觉模拟训练系统。该系统包含了训前心理辅导模块、训练设置模块、训后总结分析模块、数据库维护模块等 4 个模块，形成了一套完整的地面训练系统。另外，该系统采用 VC++ 和 ACCESS 相结合的方法开发，因而可以与任何一台飞行模拟器相结合使用（程洪书　等，2012）。空军特色医学中心的王聪等人采用飞行建模、虚拟仪表、视景图像、运动控制算法和网络通信等技术，设计并实现由运动控制、视景仿真、仪表仿真、飞机性能仿真、综合管理控制和座舱管理 6 个子系统软件组成的飞行错觉模拟器系统软件。而且他们还采用 Matlab/Simulink 软件，开发了一个包含耳石器、半规管、视觉传递函数及视觉 - 前庭交互机制的人体空间定向感知模型。该模型能很好地分析人体空间定向知觉与飞机实际运动状态发生差异的时机、知觉内容和数量关系。例如，其中的躯体重力错觉模型能预测人体在沿 x 轴（矢状轴）直线加速飞行时产生 21° 仰角的错误知觉；而速度错觉模型能模拟飞机从陆地恒速平飞进入海上后，人体产生沿 x 轴方向线速度逐渐降低至 0 的错误知觉（王聪　等，2019）。

针对飞行错觉的飞行中训练主要包括飞行中空间定向障碍的演示和带飞训练等。通常需要设计能引发错觉的飞行动作并在飞行中进行训练。这些训练能更明显地改善飞行员克服错觉的能力。

例如，徐安庆和于立身（1998）在歼教-5、歼教-6、歼教-7 飞机上按设计的 8 种飞行动作引发前庭性错觉，对 72 名飞行（学）员进行 123 架次带飞训练和效果观察。结果人数错觉引发率 100%；动作引发率 77.7%~93.4%；随着训练次数增加，受训者对飞行错觉识别速度加快，错觉所致各种不良反应减轻或消失，错觉状态下按仪表定向操纵 5 分率由

54.0% 提高到 78.3%。这些用于引发出飞行错觉的飞行动作能很明显地增强空间定向认知水平及预防、克服飞行错觉的能力。另外，还有专门针对科里奥利错觉的空中训练，让受试飞行员在后舱闭眼并在盘旋时由低头位抬头，以产生科里奥利错觉。受试者的任务是在规定的时间点报告感觉到的飞机姿态。主试记录其语音信号，同时用飞行参数记录系统记录飞机的实际姿态，并与飞机实际姿态比较，判断其是否出现错觉。这种训练方案在坡度变化时诱发错觉成功的比例为 7/10，在盘旋时诱发出的错觉成功比例也在 8/10 左右（谢溯江 等，2003）。

近年来，除了通过训练来提高飞行员飞行错觉的应对能力外，还有一些辅助设备可以帮助降低飞行错觉的发生，克服飞行错觉。例如，多感觉整合的空间朝向保持设备，可以通过整合头盔显示器的视觉符号信息和触觉、听觉信息来增强飞行员获得的飞机姿态信息（Albery，2007）；或者通过在平视显示器上整合与飞机俯仰、横滚和偏向时同步的视觉流信息来促进空间朝向感知（Eriksson，2010）。另外，中国人民解放军海军总医院的李鸣皋发明了一种利用功能近红外光谱成像装置结合陀螺仪监测飞行员是否发生飞行错觉的设备。该设备还可以判断是何种飞行错觉，并在某种飞行错觉发生时触发前庭电刺激器，发出相应刺激序列来对抗飞行错觉（李鸣皋 等，2019）。

参考文献

Albery, W. B. (2007). Multisensory cueing for enhancing orientation information during flight. *Aviation, space, and environmental medicine*, *78*(5 Suppl), B186-190.

Boril, J., Smrz, V., Blasch, E., & Lone, M. (2020). Spatial disorientation impact on the precise approach in simulated flight. *Aerospace medicine and human performance*, *91*(10), 767-775.

Eriksson, L. (2010). Toward a visual flow integrated display format to combat pilot spatial disorientation. *The International journal of aviation psychology*, *20*(1).

Fushiki, H., Kobayashi, K., Asai, M., & Watanabe, Y. (2005). Influence of visually induced self-motion on postural stability. *Acta oto-laryngologica*, *125*(1), 60-64.

Gibb, R., Ercoline, B., & Scharff, L. (2011). Spatial disorientation: decades of pilot fatalities. *Aviation, space, and environmental medicine*, *82*(7), 717-724.

Kaminski-Morrow, D. (2013). Pitch illusion and control ambiguity led to A330 crash. *Flight International*, *182*(5380).

Kozhina, G. V., Levik, Y. S., & Smetanin, B. N. (2015). The influence of light tactile contact on the maintenance of vertical posture under the conditions of destabilization of the visual environment. *Fiziologiia cheloveka*, *41*(5), 98-107.

Landman, A., Davies, S., Groen, E. L., van Paassen, M. M. , Lawson, N. J., Bronkhorst, A. W., et al. (2019). In-flight spatial disorientation induces roll reversal errors when using the attitude indicator. *Applied ergonomics*, *81*.

Ledegang, W. D., & Groen, E. L. (2018). Spatial Disorientation Influences on Pilots' Visual Scanning and Flight Performance. *Aerospace medicine and human performance*, *89*(10).

Lewkowicz, R., Fudali-Czyż, A., Bałaj, B., & Francuz, P. (2018). Change Detection Flicker Task Effects on Simulator-Induced Spatial Disorientation Events. *Aerospace medicine and human performance*, *89*(10), 863-872.

Neubauer, J. C. (2000). Classifying spatial disorientation mishaps using different definitions. *IEEE engineering in medicine and biology magazine : the quarterly magazine of the Engineering in Medicine & Biology Society*, *19*(2), 28-34.

Previc, F. H., & Ercoline, W. R. (2004). Spatial disorientation in aviation. Reston,Virginia:American Institute of Astronautics and Aeronautics.

Rafał, L., Paweł, S., Bibianna, B., Piotr, F., & Paweł, A. (2018). Selective Auditory Attention and Spatial Disorientation Cues Effect on Flight Performance. *Aerospace medicine and human performance*, *89*(11) .

Schmidt, R. T. (1999). Reduce risk of inducing spatial disorientation using physiologically compatible ground lighting. *Aviation, space, and environmental medicine*, *70*(6), 598-603.

Thurrell, A. E., & Bronstein, A. M. (2002). Vection increases the magnitude and accuracy of visually evoked postural responses. *Experimental brain research*, *147*(4), 558-560.

Tropper, K., Kallus, K. W., & Boucsein, W. (2009). Psychophysiological Evaluation of an Antidisorientation Training for Visual Flight Rules Pilots in a Moving Base Simulator. *The International journal of aviation psychology*, *19*(3).

Verde, P., Angelino, G., Piccolo, F., Carrozzo, P., Bottiglieri, A., Lugli, L., et al. (2018). Spatial Orientation and Directional Judgments in Pilots vs. Nonpilots. *Aerospace medicine and human performance*, *89*(10) .

Wang, J., Li, S., & Lin, P. (2019). A psychophysical and questionnaire investigation on the spatial disorientation triggered by cockpit layout and design. *International journal of industrial ergonomics*, *72*, 347.

Webb, C. M., Arthur Estrada, I., & Kelley, A. M. (2012). The Effects of Spatial Disorientation on Cognitive Processing. *The International journal of aviation psychology*, *22*(3).

Yan, L., Yuanyuan, C., Xiaoning, L., Yang, Y., Jing, L., Chenru, H., et al. (2015). EEG functional network properties related to visually induced unrecognized spatial disorientation. *Bio-medical materials and engineering*, *26*(Suppl 1).

毕红哲, 谢溯江, 贾宏博, 姚钦. (2010). 高性能战斗机飞行员仪表视觉空间定向能力训练效果观察. 中华航空航天医学杂志, 21(1), 26-29.

程洪书, 赵保明, 张福, 赵高峰. (2012). 飞行错觉模拟训练系统的研究与开发. 火力与指挥控制, 37(9), 201-204.

范景霞, 宗玉国. (2001). 歼击机飞行员海上飞行错觉发生率的调查. 航空军医, (6), 233-234.

黄炜, 吕汽兵, 季思菊. (2011). 空军飞行员飞行错觉性质分类调查. 中国疗养医学, 20(2), 180-181.

黄炜, 于立身, 季思菊, 李交杰, 张刚林, 黄佳怡, 等. (2012). 前庭性飞行错觉地面模拟. 中华航空航天医学杂志, (3), 174-178.

黄炜, 吕汽兵, 季思菊. (2010). 空军飞行人员飞行错觉发生率比较分析. 中国疗养医学, 19(5), 470-471.

李靖, 张佳丽, 刘浩, 韩磊, 阴肖华, 李鸣皋. (2019). 仪表飞行条件下飞行错觉与仪表注视的相关分析. 转化医学杂志, 8(2), 115-118.

李鸣皋, 蒲放, 李靖, 窦伟娜, 付慧杰, 杨阳. (2019). 基于近红外光谱成像驱动的前庭电刺激空间定向障碍对抗装置. CN106798562A.

刘平中, 刘娟, 潘玮, 王旭, 赵天一. (2006). 心理训练对飞行员海上低空、超低空飞行克服错觉及疲劳的效果. 航空军医, (3), 106-107.

范卫华. (2005). 飞行员不同任务、体位和平面条件下的心理旋转及其与飞行错觉的相关. 第四军医大学硕士学位论文.

尚永锋, 蒋刚毅. (2019). 高高原机场对飞机着陆性能的影响分析. 西安航空学院学报, 37(5), 3-8.

孙瑞山, 虞珊珊. (2009). 飞行错觉分析及事故信息数据库的建立. 中国民航大学学报, 27(5), 19-22.

王聪, 曹征涛, 赵显亮, 杨明浩, 郑媛憬, 李玉亮, 等. (2019). 飞行错觉模拟器系统软件的设计和实现. 医疗卫生装备, 40(5), 24-28+37.

肖玮, 苗丹民. (2013). 航空航天心理学. 西安:第四军医大学出版社.

谢溯江, 贾宏博, 于立身, 毕红哲, 杨毅, 刘广莉, 等. (2003). 径向加速度作用下科里奥利错觉的空中诱发. 航空军医, 31(6), 231-232.

徐安庆, 于立身. (1998). 通过空中引发飞行错觉进行预防错觉训练的效果观察. 中华航空航天医学杂志, (2), 30-33.

晏碧华, 游旭群, 杨仕云. (2011). 飞行员在空间定向动态任务中的加工优势. 人类工效学, 17(4), 5-8.

姚钦, 陈珊, 张琳, 于飞, 刘琳, 张莉莉, 等. (2018). 高性能战斗机飞行员空间定向能力与相关指标的关系分析. 中华航空航天医学杂志, 29(1), 8-13.

叶万钧, 游旭群, 宗玉国, 张建云, 王荣根, 皇甫恩. (1998). 飞行经验与飞行错觉水平关系的调查. 中华航海医学杂志, (1), 12-13.

游旭群, 于立身. (2000). 认知特征、场独立性与飞行空间定向关系的研究. 心理学报, (2), 158-163.

游旭群, 王荣根, 刘宁, 张建云, 皇甫恩, 叶万钧. (1995). 认知特征与飞行错觉水平关系的初步研究. 中华航空医学杂志, (2), 80-83.

于立身, 王奎年, 夏祥云. (1982). 用温度性眼震电图检查鉴定105例严重飞行错觉飞行员的初步报告. 心理学报, (4), 423-431.

于立身, 丁立, 毕红哲, 贾宏博, 刘森, 戴建国. (1999). 不同仪表视觉对模拟前庭性错觉的行为反应控制作用. 中华航空航天医学杂志, (2), 43.

于立身. (1999). 高性能战斗机飞行员的严重飞行错觉特点和预防措施. 航空军医, (2), 66-67.

第 6 章

航空人机工效

6.1 飞机驾驶舱人机工效

6.1.1 飞机驾驶舱人机工效研究现状

飞机驾驶舱是飞行员的工作场所，飞行员需要获取各类视觉、听觉、触觉、前庭本体觉等信息，并操纵飞机驾驶。飞机驾驶舱的工效设计对于保障飞行安全、提升飞行舒适性和效率起到重要作用，对人机工效进行设计优化和评估就显得十分必要。为此，必须充分理解飞行员的认知加工过程，构建以飞行员为中心的驾驶舱设计与评估路径。

座舱显示器是飞行员获取飞机信息的最重要途径，显示器界面的发展历经了多个不同阶段。在 20 世纪 70 年代以前，飞机大多采用传统的机械式、电气式和电动式仪表。这类仪表的优点是直观、显示清晰，但不同的信息（如飞机高度、速度、航向等）由分离的多个仪表所展示，分散的信息可能导致飞行员无法快速获取飞机的整合信息。因此，20 世纪 70 年代以后逐渐产生了电子综合显示器，可将大量信息整合显示在一块大屏幕上。电子综合显示器的发展包括阴极射线管显示器（CRT）和平板显示器两个阶段，后者又分为液晶显示器（LCD）、等离子显示器（PDP）、有机发光显示器（OLED）、真空荧光显示器（VFD）和发光二极管（LED）等类型。目前，飞机上已经广泛采用平板显示器代替了 CRT。

围绕飞机驾驶舱人机工效的研究比较多，以下主要从驾驶舱光照环境、信息显示方式、自动化、平视显示、头盔显示、视景系统等方面展开论述。

1. 光照环境

驾驶舱内的光照环境为飞行员提供了获取视觉信息的基本保障，不适当的光照环境会引起视觉疲劳，产生不舒适感，降低视觉信息的传送。为此，很多研究者开展了对驾驶舱光照的工效学研究，以期为安全驾驶提供支持。

驾驶舱外环境光、驾驶舱内照明及仪表显示光等构成了驾驶舱内部的光照环境，人眼需要适应不同强度的光照，从极暗（小于 1 lx）到极强（数万 lx）。特别是对于微光环境来说，人眼暗适应需要花费 0.5 h 以上，因此对暗适应的保护尤为重要，否则容易造成飞行员夜间低照度环境下视物不清。为此，早期的军方及民航多采用红光照明，因为红光比白光更能保护飞行员的暗适应，且可以缩短进入暗适应的时间，同时能防止眩光和阴影（Heglin，1973；Miles，1953）。然而，红光除了能加强微光环境下的视物能力之外，在显色自然性方面有所欠缺。另外，当低色温白光的亮度处于某个水平时，也可以取得与红光类似的暗适应效果。因而在非微光环境下，以及微光环境下执行驾驶舱内仪表识读等任务时，亦可使用白光。飞行员对于不同任务情景下使用的色光偏好也有所不同。例如，夜间微光环境下观察驾驶舱外环境和目标，飞行员偏好红光照明环境。

除暗适应以外，很多研究考察了照度、色温、亮度及其均匀度等参数如何设置才能有效降低视觉疲劳，提高视觉舒适性。研究表明，色温与照度的搭配对视觉舒适性有重要作用，随着照度的提高，色温只有相应提高，才能使人们在视觉上感到舒适。当色温与照度都比较高时，这种冷白光令作业人员感到清醒；当色温下降到中等程度时，照度也随之下降，同样可以达到舒适性，这种暖白光更令人偏爱。

在研究中，通常在实验室或（模拟）驾驶舱中设置不同的照度水平，再设定不同的屏幕显示亮度或字符亮度，或者令受试者调节屏幕显示亮度或字符亮度，进而获取显示亮度阈限、舒适亮度等参数值，为驾驶舱屏幕显示亮度自动控制系统提供参数支持。研究表明，字符显示亮度提高后，受试者对字符的识别速度加快，且 CRT 与 LCD 的亮度特性对视觉工效的影响没有显著差异（Yang et al.，2000）。此外，飞行过程中容易遭受由雷暴、穿透云层等导致的瞬时光变，有研究采用仿真实验对瞬时光变效应展开了研究（Liu et al.，2014），考察了脉冲式和跳跃式光变对视力的作用机制，为新型雷暴灯的设计提供了理论支撑。

2. 信息显示方式

驾驶舱显示屏上提供了仪表飞行所需要的各类信息，如飞机姿态、航向、速度、高度、气象信息、油量、发动机参数等。在分离式仪表中，各类信息分散显示在不同仪表上；大屏幕电子综合显示屏则将各类信息集中在一整块屏幕上。分离式和综合式仪表显示方式各

有优劣，信息显示的不同方式最终目的是使飞行员能够快速准确获取与当前任务相关的信息。为此，大量研究考察了仪表上的信息显示方式对任务绩效的影响，为信息的显示设计提供依据。

仪表显示的各类信息其重要性是有区别的，最为重要的飞行参数显示在主飞行显示器的中央，呈现T字形分布，包括飞机姿态、速度、高度和航向信息。在分离式仪表布局中，这几个仪表也排布在飞行员正前方的中间位置，呈现T字形分布。其中，姿态仪排布在正中央，显示了飞机与天空、地面的相对位置和姿态关系，从中飞行员可以获取飞机的俯仰角和滚转角。姿态仪主要有两种显示方式（见图6.1）。第一种是"由内向外"方式（inside-out），即姿态仪上的飞机符号固定不动，背景做旋转运动，又称为"运动的地平线"方式（moving horizon）。例如，飞机逆时针滚转时，姿态仪上的背景做顺时针旋转，飞机符号不动，这种显示方式与飞行员在驾驶舱内透过风挡向舱外看到的视觉场景相匹配。第二种是"由外向内"方式（outside-in），即姿态仪上的背景固定不动，飞机符号做旋转运动，又称为"运动的飞机"方式（moving aircraft）。例如，飞机逆时针滚转时，姿态仪上的飞机符号做逆时针旋转，背景不动，这种方式是从飞机之外的视角看飞机姿态的变化。从实际应用来看，目前仅有少部分俄制飞机采用了由外向内的显示方式，绝大部分欧美飞机（如波音、空客）均采用由内向外的显示方式。

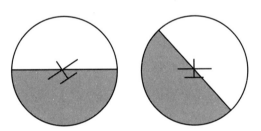

图 6.1　由外向内（左）和由内向外（右）的姿态仪示意图

大量研究采用飞行姿态复原任务和飞行追踪任务来检验两种姿态仪显示方式的绩效差异。少量研究认为由内向外方式具有优势（Gross & Manzey，2014），大部分研究都发现由外向内方式的效果更好（Cohen et al.，2001；Müller et al.，2018），特别是对于无飞行经验的受试者或飞行初学者（Lee & Myung，2013；蒋浩，王泉川，2019），以及在多任务条件下（Yamaguchi & Robert，2010）来说。这是由于这种显示方式符合图片写实性、运动部件等显示画面原则（Roscoe et al.，1981），也与刺激—反应相容性原则和反应—效应相容性原则相匹配（Janczyk et al.，2015；Proctor & Vu，2006）。然而，大多数的研究仅仅是在模拟飞行环境中进行的，对于真实飞行的研究较少，模拟飞行的研究结论是否能够推广到真实飞行还有待确认。

3. 自动化系统

随着技术的发展，飞机驾驶舱中装载了越来越多的自动化设备和系统，包括自动驾驶仪、自动油门、飞行指引仪、飞行管理系统等。一方面，这些自动化设备和系统的引入，给飞行员操控飞机带来了极大的便利，一般而言，降低了飞行员的体力负荷，提高了其情境意识，带来了更为平稳、高效、经济和舒适的飞行。另一方面，自动化引起了人机交互方式的巨大改变，新型交互方式所引发的问题很多是始料未及的。为此，众多研究者探索了自动化系统下的人机交互方式。

自动化取代了一部分或者全部原先由人完成的功能，它不是"全或无"的，而是具有不同的自动化水平（level of automation，LOA）。在这个连续水平的两个极端处，人具有完全自主权，或者自动化具有完全自主权。在这两个极端之间，人和自动化具有不同程度的自主权。例如，Sheridan（2002）将自动化的自主权分为 8 个水平（见表 6.1）。

表 6.1　自动化的 8 个不同水平

水平	含义
1	自动化不提供辅助，完全由人控制
2	自动化提供多种建议，标出其认为最佳的方法
3	自动化提供一种建议
4	在获取人的确认后，自动化实施操作
5	自动化实施操作之前，人的否决仅有有限时间
6	自动化实施操作，之后再告诉人类
7	自动化实施操作之后，仅在人询问时才告知
8	自动化实施操作，不告知人类

Parasuraman 等学者（2000）认为，上述自动化水平的分类只涉及了系统的决策和行动阶段，而一个系统的完整功能还应当包括前期的信息获取和分析等阶段。因此，他们将自动化水平的构想扩展为基于信息加工的 4 个阶段：信息获取、信息分析、决策、行动，每个阶段都有其自身的自动化水平。在信息获取阶段，自动化对数据等信息进行感知和登记。中等水平的自动化在保留原始数据的基础上可以依据一定的标准对某些信息突出显示；过高水平的自动化则会有过滤机制，将不重要的原始数据隐藏，仅显示重要信息，以获取

人的注意。信息分析阶段的自动化可以对数据等信息进行整理和分析,辅助人类进行评估、推断和预测。例如:低水平的自动化可以给出飞机的预计航路、预计速度等趋势信息;高水平的自动化则可以把多个信息加以整合。在决策和行动阶段,由于自动化系统依据事先设定的产出(如果 - 那么)规则,并评估各种决策后果的风险和代价,因此,系统需要具备很强的预测能力。在民航等领域,决策和行动阶段的自动化水平不宜太高,人必须充分参与其中,否则会对自动化产生不信任及不理解。

飞行员在使用自动化的过程中时常出现模式觉察失误或模式混淆。例如,2013 年 2 月 25 日,一架波音 737-838 客机从堪培拉飞往布里斯班,在飞机通过下降点时却开始爬升,飞行员觉察到异常后立即断开自动驾驶仪,从而避免了自动化的错误操作。据澳大利亚交通安全局(Australian Transport Safety Bureau,ATSB)调查发现,飞行员事先在自动驾驶系统中设置了错误的进近模式。自动化也可引起飞行员产生"不在环路"(out of the loop)现象,即自动化系统过于复杂,飞行员难以理解其具体运作方式,从而被排除在整个操纵环路之外,仿佛飞机仅由自动化独立操控。

人机交互的基础是飞行员与自动化之间的关系。研究发现,飞行员会对自动化产生不同的心理感受,包括对自动化的信任、依赖、服从,以及偏见、不信任等(Parasuraman & Wickens,2008;王新野 等,2017)。一方面,由于对自动化的过度信任和满足,飞行员可能疏于监控飞机,情境意识降低,认为一切都处于正常状态,对自动化提供的信息不加甄别盲目采纳(即自动化偏见),也可能降低手动操纵技能。另一方面,由于自动化的操作与飞行员的预期不一致,诱发飞行员产生自动化惊奇(surprise)或惊吓(startle)。Parasuraman 和 Manzey(2010)认为,在自动化满足和偏见中,注意起着中心作用,为此,他们提出了一个自动化满足和偏见的注意整合模型,为自动化的设计提供了一个启发式框架结构。飞行员对自动化的心理感受,与自动化的可靠性密切相关,可以用如图 6.2 所示的校正曲线来说明。图中的对角线将整个图分为了左上和右下两个区域:过度信任与信任不足。

自动化与人机任务分配有密切联系,而人机任务分配有静态与动态之分。静态任务分配中的人与自动化所负责的任务固定不变,动态任务分配则依据特定情境可以发生人与自动化之间的任务分配变化。与动态任务分配相关联的自动化即为自适应自动化(adaptive automation,AA)(Scerbo,2007)。当人的负荷过大时,自动化可以提供辅助,以降低人的负荷;反之,人的负荷过小,原先由自动化操纵的任务可以暂时交由人来完成,以降低自动化自满心理。自适应自动化中的动态任务分配权在于自动化本身。此外,另一种适应

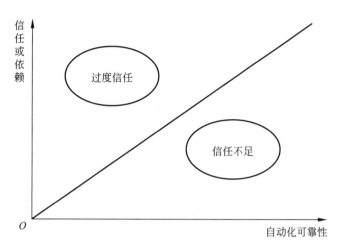

图 6.2　信任或依赖与自动化可靠性之间的关系

性自动化（adaptable automation，AA）（Oppermann，1994）可以由人来决定何时及如何进行上述动态任务分配。不过，关于自动化中的任务分配问题还有待深入研究，以便应用于民航实际运行。

4. 平视显示（head up display，HUD）

HUD 将飞行员操纵飞机所需的信息投射到前方的一块显示屏上，使得飞行员不再需要低头即可获取相应信息。同时，显示在透明显示器上的信息可以与外界环境自然融合，对飞行操纵非常便利。最初，HUD 在 20 世纪 20 年代用于美国空军军机上，直至 20 世纪 80 年代开始运用于民航客机，包括波音 737/787，以及一些空客机型。我国也将 HUD 列为航行新技术之一，自 2004 年起，中国民航局陆续出台相关法规，持续推动该项新技术在国内的使用。统计公报显示：截至 2020 年年底，全国共有 20 家航空公司具备 HUD 运行能力，1278 架运输飞机具备 HUD 能力，占运输飞机总数（3903 架）的 32.7%；全国具备 HUD 特殊Ⅰ类标准的机场 97 个，具备 HUD 特殊Ⅱ类标准的机场 21 个，具备 HUDRVR150 m 起飞标准的机场 14 个。

使用 HUD 技术可以给飞行带来诸多好处。HUD 能够提高飞行员的情境意识，辅助其保持飞行航迹，特别是在降落阶段保持下滑道，提升落地精确度，降低飞机起降能见度要求（AIAA，2000）。使用 HUD 没有带来严重的安全事件，有研究分析了航空安全报告系统（aviation safety reporting system，ASRS）中自 1990 年以来的 10 万条报告内容（Le Blaye et al.，2002）。他们发现仅有 16 条与 HUD 相关，其中仅有 5 条真正涉及 HUD 的问题，如某个符号消失了等。从报告的比例可以看出，HUD 的安全性能相当高。

相比传统仪表，HUD 为飞行员提供了一种全新的人机交互方式，这项新技术的设计可能没有充分考虑飞行员的认知特性，从而诱发新的人机交互问题。例如，有研究发现使用 HUD 的飞行员比使用常规仪表的飞行员更难发现跑道上的入侵目标，这被称为知觉隧道效应（cognitive tunneling）（Thomas & Wickens，2001），尤其是该入侵目标处于飞行员的预料之外时。

HUD 屏幕上的信息与自然场景的亮度对比度显著影响对目标的注意捕获：提高 HUD 与自然场景的亮度对比度，能够显著提高飞行员对 HUD 屏幕上目标物的探测；反之，降低对比度会提高飞行员对自然场景中目标物的探测；当对比度在 3~4 时，对 HUD 和自然场景中的目标探测率达到平衡（Vinod et al.，2012）。可见，HUD 屏幕信息的亮度是一个关键的影响因素。例如，在巡航阶段，由于 HUD 与背景的对比度降低，导致其航迹追踪绩效差于常规仪表（AIAA，2000）。当前，HUD 屏幕信息的亮度可以自动或由飞行员手动调整，以达到与背景的最佳对比度，使飞行员能尽量兼顾远近目标物。然而，如同所有屏幕亮度的调节一样，HUD 屏幕亮度也只能整屏调节，无法分区域调节。当自然场景的不同区域亮度反差很大时（如上半部分是明亮的天空，下半部分是较暗的大地），无论如何调整 HUD 的亮度，也无法同时满足不同区域同时处于恰当的对比度下，这对飞行员获取 HUD 信息造成不利影响。

5. 头盔显示（helmet mounted display，HMD）

HMD 主要用于军机，其前身始于 20 世纪 60 年代，当时美军研发出头盔瞄准具，辅助军机飞行员进行离轴目标的跟踪、截获和武器发射，提高了作战效率。在此基础上，逐渐形成了头盔显示的概念，可将 HUD 的显示内容直接加载到头盔里面的屏幕上，显示的内容除了武器控制系统参数外，还包括各类飞行参数。由于显示信息不固定在下视显示器或平视显示器上，所以，飞行员可以在头部朝向任何方位时都能查看信息，并且可以单目或双目观察，十分便捷。此外，HMD 还可以借助红外探测技术，显示全景夜视图，便于夜间视物，提升飞行员的夜间情境意识，支持全天候作战需求。除信息显示外，目前，先进的综合显示头盔还将武器瞄准、语音通信、供氧抗荷、碰撞防护等功能集成在一起，头盔系统能与航电、火控、供氧抗荷、弹射救生等系统进行交互作用，功能强大（吴明磊，2018）。

在 HMD 的设计和使用过程中，也出现了诸多人机工效问题。HMD 的界面提供了多种类型的信息，不当的信息布局和信息编码方式可能加重飞行员的工作负荷，降低其情景意识。为此，东南大学的研究团队利用眼动技术，对比了分布式、基准线式、非分布式和改进非分布式 4 种主流界面显示方式，发现飞行数据分布形式宜采用非分布式，飞行姿态符号宜采用圆弧式态势参考系（张强，2016）。在此基础上，还针对图标符号编码、信息布局编码、色彩编码等问题开展了研究（邵将，2016；邵将　等，2015）。另外，HMD 容易造成飞行员头顶压痛、颈部酸痛，头盔还存在舒适性、散热性问题，易引发头晕、疲劳、肌肉痉挛等问题。为解决这些问题，可以利用一体化设计技术，优化头盔重心与外形，优化图像源和成像系统，改善夜视系统、通信系统和散热结构（李芳　等，2017）。

6. 飞行视景系统

在低能见度下，飞行员通过肉眼难以看清机外场景，特别是在群山等复杂地形上空飞行时，可能发生可控飞行撞地事故。另外，在进近着陆阶段，低能见度会造成飞行员难以看清跑道，影响着陆操作，这也是对飞行安全的重大隐患。如果能将机外场景如地形、障碍物、跑道等信息呈现在显示器上，则能提升飞行员在低能见度条件下的视物能力和情境意识，有助于飞行安全。飞行视景系统正好能够实现这个目的，使 24 h 全气象条件飞行成为可能。

飞行视景系统的概念源于 20 世纪中叶美国军机发展计划，其在民航的应用从 20 世纪八九十年代开始。目前，飞行视景系统的相关技术已较为成熟，从实验室走向了工业界，在具体机型上得以应用。例如：在湾流 G350、G450、G500、G550 等公务机上已配备了视景系统；另外，在直升机上也有应用。

飞行视景系统有多种类型。第一种是合成视景系统（synthetic vision system，SVS），利用飞机的姿态、高度、位置和地形 / 障碍物数据库信息，将计算机生成的飞机外部地形图像呈现给飞行员。地形图像取代了主飞行显示器的上蓝下棕天地球图标，飞行员既可以直观地看到外界的三维地形信息，也能获取叠加在地形图像背景上的飞机姿态、高度、速度等信息。此外，在导航显示器上会以水平视角和垂直视角呈现飞机前方地形的高度状况，便于导航。除了三维地形信息以外，SVS 还可以提供"空中隧道"（highway in the sky，HITS），即在计划航线上每隔一定距离就会显示一个形如隧道的范围框，为飞行员提供了三维导航指引。SVS 需要保证"所见即所在"，即要显示画面与外界场景的高度一致性，就需要确保地形显示与飞机航迹的高度吻合，画面还需要较高的分辨率，这对地形 / 障碍物数据库提出了很高的要求。

第二种是增强视景系统（enhanced vision system，EVS），利用前视红外、毫米波雷达

等机载成像传感器，为飞行员提供传感的或增强的飞机外部场景图像。借助 EVS，飞行员可以在黑暗或其他低能见度情况下看清跑道及其周边物体，还能看清机场内的其他飞机和交通状况。中国航空工业 631 所提出了一种增强合成视景系统中红外成像实时仿真的方法，该方法具有实时性强、分辨率高等优点（余冠锋　等，2019）。

将 EVS 和 HUD 技术相结合，则构成了第三种视景系统，即增强型飞行视景系统（enhanced flight vision system，EFVS）。EFVS 将 EVS 获取的飞机前方场景红外图像与 HUD 的主飞行信息（如姿态、飞行航迹矢量、飞行航迹角参考符号等）相融合，并且保证所显示的图像、符号与外界场景是重合的。

最后，以上两种飞行视景系统可以融合，形成组合视景系统（combined vision system，CVS）。例如，EVS 和 SVS 的信息融合后呈现在主飞行显示器或 HUD 上，便于在高高度使用 SVS 图像，在低高度至地面使用 EVS 图像。

在实际使用过程中，飞行视景系统也暴露出一些问题。例如：合成画面与机外实景容易出现画面错位，干扰飞行员的感知；来自红外波、毫米波等多种信号源的信息相互叠加，加大了飞行员的视觉负担（程岳　等，2020）。同时，国内尚未对飞行视景系统进行大量实际应用，其人机界面的相关研究也十分匮乏，导致其人机工效差强人意，飞行员反映使用不甚满意。这一课题是未来的研究重点。

6.1.2　飞机驾驶舱未来发展趋势

1. 触控屏

近年来，触控屏作为一种新的人机界面交互媒介和手段，在日常生活及诸多工业领域得到了越来越广泛的应用。在航空业中，也出现了应用触控屏替代常规显示控制界面的趋势。例如，iPad 作为电子飞行包（EFB）进入了驾驶舱；Garmin、Thales、Barco、Honeywell 等公司设计了多款民机驾驶舱中使用的触控屏，并运用到部分机型中，如湾流 G500 和 G600 公务机。触控屏在波音 777X、空客 A350 等大型客机上也有运用，将触控显示屏引入民机驾驶舱已成为未来民机驾驶舱设计的趋势。在国内民机型号研制中，ARJ21-700 和 C919 并没有针对触控技术人为因素相关条款进行适航符合性验证。而在 CR929 宽体客机的研制中，为与国际先进水平保持同步，将计划引入驾驶舱触控技术，增加触控技术适航符合性的验证工作。

触控屏的人机交互工效受到了研究者的关注（舒秀丽　等，2016）。它的显示和操作是一种非常直观、自然的交互方式，人机界面的元素拥有很高的"可供性"（affordance），使得飞行员的操作速度更快，错误操作率更低。另外，这种交互方式也具备良好的可学习性和技能迁移性，飞行员能快速学习和掌握触控交互方式，且不易遗忘。

工业界和学术界针对民机驾驶舱显示触控系统进行了大量的基础应用研究。从工业设计方的角度，民机驾驶舱显示触控系统的集成和研制应当遵循以人为中心的设计原则，人机工效设计应贯穿显示触控系统研制生命周期。因此，有必要进行人机工效综合评价，同时考虑后续显示触控系统人机工效综合评价指标体系的完备性。从适航当局的角度来看，民机驾驶舱触控技术的引入应确保与当前驾驶舱操作同等的安全性水平，人为因素评价是新机型或新设备投入运营前，局方的硬性要求。人机工效综合评价的核心环节，包括指标体系的建立和指标综合评价数学模型的建立。在国内已有一些相关研究，提出了民机驾驶舱显示触控系统人机工效评价的指标体系。例如，董磊等人（2021）采用改进的德尔菲法，完成民机驾驶舱显示触控系统人机工效综合评价指标的筛选，最终建立了包含 16 个二级指标的 3 层民机显示触控系统人机工效评价指标体系，并基于灰色关联分析，对传统模糊层次综合评价算法从数据集结处理和指标权重确定两个方向进行改进，通过构造专家信度系数修正秩次矩阵，来实现专家认知特性的定量描述，建立民机驾驶舱显示触控系统人机工效综合评价模型。徐玮瞳等人（2021）综合运用改进德尔菲法和改进层次分析法，构建了民机触控显示系统人机工效评估指标体系，由 8 个一级指标、26 个二级指标和 84 个三级指标组成，覆盖了原有机载显示系统的评价指标，增加了针对触控系统特性、操作特性以及飞行员认知和工作负荷的指标，并进行了指标权重系数的确定。

触控屏也存在一些缺陷。首先，与鼠标、键盘、按钮、旋钮等控制器件相比，触控屏的控制精度不足，要求被触控的目标物具有一定的面积，多个目标物之间的距离不能太近，不便进行精确的数字任务（陶达　等，2016）。其次，飞机在气流中的颠簸和振动会使显示画面抖动，导致飞行员视物不清，不利于触控屏的操作，可能出现定位不准、增加工作负荷等问题。随着振动的增加，任务的反应时间呈线性或指数增加（Alapetite et al.，2018）。再次，触控屏的操作需要在眼睛的注视下完成，不借助视觉就无法感知各个操作元素之间的区别，各个可操作目标和元素是以图标的形式呈现在屏幕上，要操作特定对象显然要借助视觉的帮助定位（Pauchet et al.，2018）。最后，飞行员很可能产生误触操作，触控交互也缺乏传统操纵器件所具有的触动觉反馈信息。

在未来，如果要克服上述缺陷，进一步发挥触控屏的优势，就需要加强触控交互的研究。例如，触控交互涉及不同的手势，如单击、双击、长按、滑动、拖曳、缩放等，手势

设计的优劣会极大地影响工作绩效和操作者的舒适性（Kim & Song，2014）。另外，为使飞行员在进行触控交互时更舒适，减轻肌肉疲劳，应当注意触控屏的合理布局和可达性问题。有研究构建了基于触控交互的区域模型，用于确定交互的区域，可供触控交互设计参考（Jerome et al.，2014）。

2. 单人飞行与无人驾驶

民航商用载客飞机驾驶舱中的驾驶员人数一直随着航空技术的发展而变化。最多的时候，驾驶舱内有 5 名驾驶员，包括飞行员两名，以及机械员、领航员和无线电通信员各一名。随着飞机发动机技术和航电系统的提升，驾驶舱内不再需要机械员、领航员和无线电通信员。从 20 世纪 80 年代起，除远程国际航线外，一般驾驶舱内配备标准的两人制机组：机长和副驾驶。目前，两人制机组与自动驾驶系统共同配合，完成各项飞行任务。随着自动驾驶系统能力的提升，NASA 于 2012 年开始考虑是否可以用自动驾驶系统完全替代其中一名飞行员，从而在驾驶舱内只保留单人飞行（Comerford et al.，2013）。这可以从飞行员方面降低运营成本，也有利于解决某些地区的飞行员短缺问题。当然，单人飞行尚处于概念构想和实验室模拟飞行研究阶段，未在实际运行中采用，仍有技术性、安全性、可接受性等诸多问题还未解决。

单人飞行将会带来飞行模式的巨大转变，设想中的转变主要有两种：一是形成机内单人飞行员与地面操作员的地空协作模式，二是加强驾驶舱自动化系统，形成"人 - 自动化组队（human-autonomy teaming，HAT）"协作模式。

在地空协作模式中，机上飞行员与地面操作员共同配合完成飞行任务。地空协作模式中的地面操作员可以同时协助多驾飞机。例如，在机场地面驻扎的被称为空港飞行员（harbor pilot）的地面操作员，可以根据机场流量、天气等情况，在中等工作负荷范围内协助 4~6 架处于滑行、到达或离场的飞机（Koltz et al.，2015）。与两人面对面协作相比，这种非面对面的协作形式在模拟机上也能实现同样好的工作绩效，两种方式下的工作负荷也没有差异。然而，非面对面方式会造成双方情境意识的脱节，缺乏面对面交流也会产生负面影响（Lachter et al.，2014）。因此，实行地空协作模式，需要加强机组资源管理训练。

一方面，在 HAT 模式下，自动化系统并不仅仅起到替代某个飞行员的作用，它与飞行员有着更为积极的人机配合。这需要飞行员更加清晰地知晓并理解自动化的意图及其原因，同时，自动化系统也应该清楚飞行员的偏好、状态等。飞行员与自动化系统之间应当有双向沟通，互相分享情境意识、角色和责任等，以便做出正确的决策（Shively et al.，2017）。模拟机实验显示，HAT 模式可以提高飞行员的效率、信息整合水平，降低工作负荷（Cover et al.，2018）。

另一方面，很多研究也指出了单人制飞行的种种弊端。研究者认为，当前实行的多人制机组有诸多好处，例如，机组成员可以共享飞行任务，共同担负过高的工作负荷，可以实现有效的协作，特别是在应对紧急情况时起到重要作用。而单人制机组具有如下缺陷。

（1）单人飞行具有更高的工作负荷，特别是在应急情况下（如液压或发电机故障），这一点已经在模拟机实验中得到证实（Bailey et al.，2017）。增加地面操作员，似乎可以弥补这一缺陷，然而也有研究表明地面操作员的辅助并不能很好地降低单人飞行员的工作负荷（Wolter & Gore，2015）。

（2）空地协作的交互方式不利于沟通交流，这种非面对面的交流方式效率较低，且缺乏表情、手势等非言语信息，容易导致双方的误解（Lachter et al.，2014）。

（3）单人飞行过程中如果飞行员失能则会造成不可挽回的损失，而多人制则提供了冗余备份以应对此类罕见的极端情况。

（4）多人制机组为劫机等安全事件提供了保障，单人飞行则难以应对此类事件。

在以上种种弊端之下，推行单人制飞行阻碍重重。首先，从技术上而言，单人飞行还需要解决很多问题，为此需要开展很多研究。例如，能全方位模拟人类感知、分析、决策的通用人工智能，至少还需几十年的研究积累，而目前 NASA 和 FAA 等机构的研究重点尚未放在单人飞行方面。其次，目前，各国的航空运行规章也对此有所限制。第 25 部法规第 1523 条款规定了最小的机组量，不符合规定的飞机无法通过适航审定。实际上，按135 部运行的单人制飞行中出现过多起飞行员失能后导致的意外身亡，而按 121 部运行的多人制机组在一名飞行员失能后并未造成严重人员伤亡。此外，FAA 发布的关于无人机适航认证的 8130.34D 令明确说明，禁止无人机运载乘客。最后，公众对单人飞行也持有负面态度。据调查显示，有 85% 的美国人对单人飞行感到不适，即使更便宜也不愿意乘坐，还有 66% 的美国人不会乘坐无人驾驶的飞机。另外，75% 的人认为单人飞行的研究不应由政府出资，而应由航空公司自己买单。公众认为的研究重点依次为航空安全、空中交通管制以及更快的飞行，仅有 8% 的人认同政府将研究重点放在单人飞行上。可见，无论是乘坐意愿，还是对单人飞行的研究支持力度，公众都表现出不认同。

6.2 空管中的人机工效

6.2.1 空管发展趋势

空中交通管理为保证航空安全起到重要作用，其主要任务之一就是防止航空器与航空器的空中相撞，防止航空器与地面障碍物相撞，确保空中交通流畅。

随着机队和航线规模的不断扩大，空管面临着越来越大的挑战，以飞行计划为主的空域分区管控方式和基于扇区的战术管制决策等传统空中交通管理模式，将无法满足未来大密度飞行流量的要求。这是因为，传统的空中交通管理模式只能在目前航空器现有位置已知情况下做出战术决策，在流量密集的复杂空域，此模式已经显现出局限性，主要体现在管制员只能侧重于保持当前单架飞机间的间隔，而无法对飞机流做出全局的战略安排，容易造成空中交通拥堵（杨筱，江波，2013）。为了进一步提高飞行效率和空域流量，基于四维航迹的运行模式（trajectory based operation，TBO）被学界提出作为新一代空管自动化系统中的核心技术，它以对航空器的 4D 航迹预测为基础。4D 航迹指航空器在整个飞行全过程中，包括地面滑行、起降、上升、下降以及巡航阶段所经历的全部顺序点迹的四维空间坐标（包括三维位置和时间）所形成的集合。4D 航迹预测是基于航迹运行的关键基础。

2003 年，国际民用航空组织（IACO）提出了全球空管一体化运行的目标，期望随着新的通信、导航和监视技术的日趋成熟，在 2025 年前后建立一个可互用、无缝隙和全球化的空中交通管理系统，确保各空域用户更平等地使用空域，为空域用户提供最佳服务，使空中交通管理部门更有效地对运行的安全性进行预测和监控。

此后，欧洲和美国等航空业发达国家和地区提出了空管信息化建设战略规划。2004 年，欧洲规划欧洲单一天空空中交通管理研究（SESAR）以星基为基础，实现一体化的通信、导航和监视体系。SESAR 从空管网络服务、航空基础设施、机场运行和空中交通服务 4 个方面描述了未来航空运输系统的发展规划，并首次提出了用户首选轨迹、控制到达时间（CTA）和参考商业轨迹等概念。基于 SESAR，2012 年空客公司联合马斯特里赫特高空管制中心以及 Honeywell 和 Thales 等设备厂商，成功进行了全球首次初始 4D 轨迹运行（i4D）试验。2005 年，美国的下一代航空运输系统（NextGen）明确将以网络为中心的设施服务、机场运行和基础设施服务、空中交通管理运行服务、统一态势信息服务、分层自适应安保服务、环境管理服务、安全管理服务及航空器性能管理服务 8 个方面纳入空管运行体系中，最终实现门到门服务。NextGen 将基于轨迹和性能的运行作为 9 个绩效改进域中的第 1 项内容，通过使用精确的四维轨迹管理优化单架航班和整个国家空域的运行，同时将航空器运行能力融入航空运输系统，并根据运行能力提供不同层级的服务和灵活运行。2011 年，美国联邦航空局在塔科马国际机场进行了大批次的 TBO 飞行试验，验证了所需到达时间（required time of arrival，RTA）在支持空管运行中的实用性和可操作性。2014 年，美国航空航天局开始主导空域技术验证（airspace technology demonstration，ATD）项目，分别从进场运行、终端区一体化和航路优化 3 方面开发和验证基于四维轨迹的新技术与工具，逐步提升空域容量与运行效率，为实现 TBO 提供支撑。2012 年，国际民航组织在整合美国和欧洲航行计划的基础上，推出了《全球空中航行计划》和航空系统组块升级技术（aviation system block upgrade，ASBU），该计划为期 15 年，旨在为 2028 年及以后的全球空中交通发展提供指导。

在我国，2007 年中国民航局颁布《中国民航新一代空中交通管理系统发展总体框架》，规划建设新一代空中交通管理系统（new generation air traffic management，NGATM）。系统总体框架包括通信、导航、监视和空中交通管理 4 个主要部分，由通信、导航、监视和自动化系统、航空气象服务、航空情报服务、综合空管信息处理与服务以及流量管理等 8 个系统组成。2016 年，中国民航借鉴了美国新一代航空系统、欧洲单一天空计划及其他先进国家的空管理念与做法，制定了面向 2030 年的中国民航空管现代化战略（civil aviation air modernization strategy，CAAMS）。在 TBO 方面，2019 年 3 月，中国民航局在天津—广州往返航路上开展了国内和亚太地区首次 i4D 飞行试验（张阳　等，2020）。该飞行试验途径六大管制单位，全程约 3800 km。试验结果表明，数字化管制方式可降低约 30% 以上的工作负荷。

6.2.2　空管自动化

在过去的几十年中，空中交通管制系统在信息感知、警告、预测和信息交换等方面引入了许多自动化系统。总体而言，这些自动化系统具有许多优势，并且管制员对自动化的态度通常是正面积极的。同时，从其他领域也可以看到一系列实施自动化的经验和教训，特别是管制员可能会降低警觉性，丧失对自动功能和系统功能的情境意识，在这种情况下，如需突然的手动干预，则会导致管制员反应失误。此外，管制员也可能不信任自动化，因为他们无法理解自动化的复杂性，并且对自动化的依赖可能会降低手动操纵的技能。

自动化系统是应对不断高速增长的机队及航班数量和不断拥挤空域的一种途径。空管中的自动化功能主要包括以下几个方面。

（1）信息的感知、收集、处理与存储。自动雷达终端系统（automated radar terminal system，ARTS）和飞行数据处理（flight data processing，FDP）系统的引入，使得管制员可以不再使用传统的纸笔方式记录飞机的相关信息（如飞行高度、航向、速度等），这些信息可以自动收集，并以适当方式呈现给管制员，辅助扇区间的移交。

（2）地空数字通信链路。以数字信息的形式，代替传统的管制员与飞行员之间的陆空语音通信。

（3）告警提示信号。以视觉或听觉等形式为管制员提供辅助，以便引起其对特定信息的注意。例如，最低安全高度告警（minimum safe altitude warning，MSAW）系统提示管制员飞机将与地面等障碍物相撞，该系统与飞机上的近地告警系统协同作用。

（4）偏离监控及冲突探测。对某架飞机偏离预定方向、高度等参数的监控，以及对两架飞机可能出现的冲突（未能保持安全间距）进行自动探测。

（5）进场排序。计算机辅助进场排序（computer-assisted approach sequencing，CAAS）系统可以根据预期的飞行路径对进场的飞机进行排序，标明飞机之间的进场序列及间距，管制员可借助该系统发布指令，对排序及间距等进行微调。

在自动化的辅助下，可以提升管制安全性。一方面，降低人为失误，提升监控能力、天气等数据信息和设备的可靠性，降低系统负荷；另一方面，自动化也提升了管制效率：提供更精确的导航和飞行控制，降低了航班延误，提升了燃油效率，降低了维修维护费用等。

不恰当的自动化设计也会带来诸多人因学问题。例如，自动化可能提高管制员的工作负荷，这与自动化设计的初衷相违背。自动化确实可以在很多情境下降低工作负荷，但并非一切情况都能如此。自动化也会令人产生过度信任、依赖或者不信任的心理倾向。产生不信任的一个原因是新技术的使用，如管制员最初对自动化提供的自动移交功能产生的不信任，这种不信任可以随着时间的推移而减轻。另一个不信任的原因与自动化的可靠性有关，如近地告警系统（ground proximity warning system，GPWS）和空中防撞系统（traffic collision avoidance system，TCAS）。由于其要求极低的漏报率，因此触发阈限很低，其副作用就是虚报率也相对较高，容易造成不信任。因此，触发阈限的设定极为关键。此外，自动化还可能降低管制员的手动操作能力（Hopkin，1995），并对其情境意识有不利影响（Garland & Hopkin，1994）。

出现人因学问题的根源在于自动化设计之初所持有的以技术为中心的设计理念（Wiener & Curry，1980）。民航界长期抱有这种取向，试图查明不安全事件/事故背后的人的因素，并在新的技术中由自动化取代人的这部分任务，期望以此来降低甚至消除由人的因素引发的安全问题。以技术为中心的取向没有考虑到新技术的引入所造成的人机交互方式的改变，这种新交互方式不仅可以部分解决先前的人因学问题，同时也引入了新技术所带来的额外代价。因此，一种更为恰当的理念是以人为中心的设计理念（Billings，2018）。总体而言，这种理念有助于实现自动化的优势，同时尽量减轻人因代价。在以人为中心的设计理念框架下，提出了很多原则：给人和自动化分配适合于各自特性的任务；将人作为系统的最终决策者；将人置于决策和控制的环路中；为人提供各种他想要获取的信息；降低自动化的培训时间，提升培训效果；让自动化可以预测；让人可以监控自动化……这些原则有的可能相互冲突，有的则难以实现。未来，需要更多的研究，来将这些理念和原则落实到以人为中心的自动化设计中。

6.3　无人机中的人机工效

自从 1916 年世界上第一架无人机诞生以后，无人机首先在军事领域得以运用。20 世纪 90 年代后，无人机开始了飞速发展，集侦察、攻击于一体，而未来的无人机还将具有全自主完成远程打击甚至空空作战任务的攻击能力。除了军事领域之外，无人机在民用领域也得到了越来越多的应用。随着无人机技术的发展和行业需求的增长，近年来，无人机在侦察、气象、电力、城市管理、抢险救灾、航拍、勘测等方面发挥了巨大作用。无人机发展迅速，规模迅速提升，截至 2020 年年底，我国拥有注册无人机 51.7 万架，注册用户 55.8 万个（含个人用户 49.8 万个、单位用户 6 万个），无人机驾驶员执照 8.89 万本。

6.3.1　无人机操作员的认知特性

与有人驾驶飞机的飞行员相比较，无人机操作员工作方式的不同之处是规划和管理作战任务，而不是直接操纵飞机。动态变化的战斗任务管理对操作员的智力水平、判断决策及人机协作能力提出了更高的要求，系统中的人机关系具有其特殊性。无人机的事故主要是因操控过程中人的因素所致，问题主要表现在航空工效学方面，也涉及航空心理和人体生理及医学的问题，以及人员的选拔和培训等。国外对无人机事故中人的因素已开展了多年的研究工作，涉及人—机—环系统各方面的问题（Yesilbas & Cotter，2014）。多项采用人的因素分析和分类系统（human factors analysis and classification system，HFACS）及其他框架的事故调查结果表明，除了发动机故障、电气故障、登录错误、机械故障、发射误差等以外，大量事故原因中包含了人的因素，包括人员视力缺陷、疾病、操作不熟练、空

间定向障碍、管理不善（如培训、政策和领导）、情境意识差、人员间协调不好和工作站设计等，以及与发射和着陆错误有关的技术熟练问题、未及时发现机械故障或反应迟钝等。

无人机的操纵控制由操作员通过地面站（ground control station，GCS）来进行，人与机是分离的。地面站提供人机交互界面，驾驶员从这个人机交互界面获取无人机的各类信息，并发出控制指令。随着无人机技术的迅猛发展，人们对无人机地面站提出了更高的要求，要求其能够实现在线任务规划、虚拟视景显示、卫星数据链控制、数据图像处理等一系列功能，具备集控制、瞄准、通信、情报处理于一体的综合能力。

未来地面站不仅控制同型号的单架无人机或无人机群，还将控制不同型号的无人机联合机群，以及控制无人机协同有人机完成任务（周焱，2010）。虽然近年来无人机已具有较强的智能自主控制能力，但在执行任务的过程中，地面站操作员仍然拥有掌控飞机的最终决定权，无人机系统仍属于人在回路的系统，其作战使用离不开人的指挥控制。

大量的显示信息及控制需求，使得地面站操作员的工作负荷和操作难度增大，容易导致误判和误操作。并且，无人机的人机分离操作方式将会导致操作员无法对飞行器所处的自然环境进行直接的感知，而只能通过无人机携带的感受器传输数据提供感知信息。这种间接的感知方式丢失了大量的原生态视觉信息、肌肉运动信息、前庭感觉和声音信息。因此，无人机操作员是在与其所控制的飞机处于相对的感觉隔离状态下完成工作（郑晓惠，王颉，2012）。无人机操作员接收不到或者只能接收到很少的座椅上的操作信息，如驾驶舱外视景天气、气味或烟雾、油量或液压流量及其他传感器信息。因此，必须全面评价无人机操作员的环境感知，同时确定显示及控制信息对操作员感知模型的影响，以及控制、显示及操作员的功能交互对操作员工作负荷的影响程度。鉴于情景感知对操作员工作负荷的影响，必须充分评价操作员工作负荷及其与情景感知两者之间的关系。在研究了这种感觉隔离在不同任务和不同飞行阶段对操作员工效的影响后，更重要的是设计和调整显示界面，以补偿对飞行环境的直接感觉缺失。

人机分离所带来的另一个问题是，呈现给操作员视觉感受信息的品质受无人机和地面控制站之间通信线路的带宽限制，这会限制视觉感受信息的瞬时清晰度、空间分辨率、颜色感受和视野。数据传送的延迟会延误操作员的反馈，因此，需研究针对这些问题的显示设计，包括研究确定瞬时分辨率以及有限视野对无人机起飞和着陆飞行控制的影响。未来无人机的发展将变为单一操作人员控制多架无人机或无人机与有人机协同执行任务（祁圣君　等，2013）。这样，操作员可以有效地指挥整个战场，而不是仅仅成为无人机的操作员。假使这种情况得以实现，操作员将无需对低层次任务频繁进行指挥，而是依赖于智能辅助决策系统来完成，这就需要在人机工效评价中针对不同的任务需求设计评价项目，以检验人机工效的设计是否能够满足无人机的任务需求。

无人机发展与无人系统的应用，对无人机操作员的评估和选拔、培养提出了新要求。在评估方面，操作员的疲劳是一项重要的评估指标。无人机操作员与运输机飞行员的身心条件及作业特点相似，受飞行作业时间长、操作环境固定、生物节律容易紊乱、心理压力大等因素影响。一项对以色列 800 名无人机操作员进行的研究发现，他们每天需要长时间保持视觉、听觉高度集中，持续紧张的状态极大地影响无人机飞行员的体力和精力，增加无助感和压力感（Gal et al.，2016）。对无人机操作员疲劳的监测和评估，可分为主观和客观两类方法。主观方法是通过问卷调查表、斯坦福嗜睡感量表、Samn-Perelli 疲劳量表、主观负荷评价法、Cooper-Harper 评定问卷等来进行测评。客观监测通过测量眼动、肌电、皮肤电、脑电等生理指标来进行。应对疲劳最好的方法是充分的睡眠。应当重视无人机操作员疲劳教育和航空卫勤保障制度建设，要求所有人员掌握疲劳成因、影响及预防的科学方法；对休息和睡眠时间做出明文规定，明确提出没有获得适当休息的飞行人员不能作为机组成员从事飞行活动。

6.3.2 无人机界面的交互设计与评估

在设计无人机的交互界面时，应当从人因工程的角度考虑操作员的疲劳等身心特点。目前，已有很多飞机驾驶舱的界面设计原则，但无人机的界面设计不能完全照搬这些原则，而应针对无人机的特点做出一定的改进。不良的人机界面设计可能会使无人机驾驶员缺失情境意识，增加工作负荷，产生疲劳，造成空间定向障碍等，从而诱发事故或不安全事件。无人机的事故率高于有人驾驶飞机。统计表明，上述由界面设计不良诱发的人为事故占所有无人机事故的 60% 以上（Cotter，2014）。因此，深入研究无人机驾驶中的人的因素，设计符合人因工程学原则的人机交互界面，是降低无人机事故率的重要手段。

无人机界面工效评估方法和工具包括以下几种。

（1）基于库珀 - 哈珀量表（Cooper-Harper scale）并对其进行修改后，形成了改进后的库珀 - 哈珀量表（MCH-UVD），用于无人机界面评估（Cummings et al.，2006）。MCH-UVD 将界面信息显示质量与无人机驾驶员的信息加工过程联系起来，良好的信息显示必须能有效地支持驾驶员对信息的知觉、分析与决策。知觉、分析与决策是信息加工的 3 个有序过程，即知觉是分析的前提，分析是决策的前提。根据驾驶员在这三阶段的信息获取质量，来评估人机界面的优劣。MCH-UVD 的评分在 1~10 分之间，分数越大，说明界面

的问题越多。一般而言，低于 2 分的评分表明无人机的界面设计是良好的，而高于 9 分则需要重新设计界面（Donmez et al.，2010）。

（2）可用性测试。它是指特定的用户在特定的使用情景下，有效、高效、满意地使用产品，达到特定的目标。衡量无人机界面是否具备可用性，最重要的 3 个指标是有效性、效率和满意度（Irizarry et al.，2012）。为获取这 3 个指标，常用的可用性测试方法包括启发式评估法、认知走查法、用户测试法等。

（3）界面设计的工效学指南。Ponsa 等研究者在归纳现有的通用人机界面设计指南的基础上，开发出适用于监控界面的工效学指南（GEDIS），并验证了其应用效果（Ponsa et al.，2010）。GEDIS 类似于一份检查单，包括架构、分布、导航、颜色等 10 个一级评估指标，每个一级评估指标下包含有数量不等的二级评估指标。采用这些评估指标可以对人机界面进行评分，每个评估指标得分在 1~5 分之间。最后，将各个二级评估指标加权得到一级指标得分，再将各一级指标加权得到人机界面的总分。一般而言，人机界面总分在 3 分以上为合格，得分低的二级指标则是后续界面改进的出发点。在 GEDIS 的基础上，Lorite 等研究者（2013）进一步开发出适用于无人机界面的 GEDIS-UAV 评估工具。GEDIS-UAV 采用了与 GEDIS 相同的一级评估指标和分数合成算法，但依据无人机的特点修改了部分二级评估指标。

有很多研究考察了无人机的界面设计和视觉元素呈现特征对驾驶员操作绩效的影响，包括以下几个方面。第一，无人机拍摄画面的视野大小研究。视野有宽视野和窄视野之分，宽视野更容易引起运动病，主要症状是眩晕感。第二，人机界面的视角呈现方式。视角有机外视角和机内视角，机内视角更易增加驾驶员的工作负荷。第三，画面是否有立体效果会产生不同的影响。带有立体显示效果的界面比单视场界面绩效更好，驾驶员的应激也更小。

虽然上述针对无人机界面设计的研究取得了一定成果，但仍有很多问题悬而未决，很多无人机产品的界面设计并未从人机交互的角度考虑其设计是否符合人的认知及操控特性。未来应进一步探索显示画面的空间分辨率、时间分辨率、视野大小等因素对操作绩效的影响，并在这些因素之间做出权衡。此外，在界面显示中引入增强现实或合成视景技术，可能会导致正面或负面的影响，这些新技术带来的不同效果也值得进一步研究。

参考文献

AIAA. (2000). Costs and benefits of head up displays - An attention perspective and a meta analysis - 2000 World Aviation Conference (AIAA). Proceedings of the 2000 World Aviation Congress (Paper No. 2000-01-5542). Warrendale, PA: Society of Automotive Engineers.

Alapetite, A., M?llenbach, E., Stockmarr, A., & Minakata, K. (2018). A rollercoaster to model touch interactions during turbulence. *Advances in Human-Computer Interaction*.

Bailey, R. E., Kramer, L. J., Kennedy, K. D., Stephens, C. L., & Etherington, T. J. (2017). An assessment of reduced crew and single pilot operations in commercial transport aircraft operations. 2017 IEEE/AIAA 36th Digital Avionics Systems Conference (DASC),

Billings, C. E. (2018). *Aviation automation: The search for a human-centered approach*. Boca Raton: CRC Press.

Cohen, D., Otakeno, S., Previc, F. H., & Ercoline, W. R. (2001). Effect of "inside-out" and " outside-in" attitude displays on off-axis tracking in pilots and nonpilots. *Aviation, Space, and Environmental Medicine*, *72*(3), 170-176.

Comerford, D., Brandt, S. L., Lachter, J. B., Wu, S. C., Mogford, R. H., Battiste, V., & Johnson, W. W. (2013). NASA's Single-Pilot Operations Technical Interchange Meeting: Proceedings and Findings.

Cotter, T. S. (2014). Structural analysis of hfacs in unmanned and manned air vehicles. Proceedings of the International Annual Conference of the American Society for Engineering Management.,

Cover, M., Reichlen, C., Matessa, M., & Schnell, T. (2018). Analysis of airline pilots subjective feedback to human autonomy teaming in a reduced crew environment. *In M. H. Yamamoto S (Ed.)*, (pp. 359-368).

Cummings, M., Myers, K., & Scott, S. D. (2006). Modified Cooper Harper evaluation tool for unmanned vehicle displays. Proceedings of UVS Canada: conference on unmanned vehicle systems Canada.

Donmez, B., Cummings, M. L., Graham, H. D., & Brzezinski, A. S. (2010). Modified cooper harper scales for assessing unmanned vehicle displays. Proceedings of the 10th Performance Metrics for Intelligent Systems Workshop.

Gal, S., Shelef, L., Oz, I., Yavnai, N., Carmon, E., & Gordon, S. (2016). The contribution of personal and seniority variables to the presence of stress symptoms among Israeli UAV operators. *Disaster and Military Medicine*, *1*(2), 1-8.

Garland, D. J., & Hopkin, V. (1994). Controlling automation in future air traffic control: The impact on situational awareness. Situational awareness in complex systems: Proceedings of a CAHFA conference.

Gross, A., & Manzey, D. (2014). Enhancing spatial orientation in novice pilots: Comparing different attitude indicators using synthetic vision systems. *58*(1), 1033-1037.

Heglin, H. J. (1973). NAVSHIPS Display Illumination Design Guide. Section 2: Human Factors.

Hopkin, V. D. (1995). *Human factors in air traffic control*. London: Taylor and Francis.

Irizarry, J., Gheisari, M., & Walker, B. N. (2012). Usability assessment of drone technology as safety inspection tools. *Journal of Information Technology in Construction (ITcon)*, *17*(12), 194-212.

Janczyk, M., Yamaguchi, M., Proctor, R. W., & Pfister, R. (2015). Response-effect compatibility with complex

actions: The case of wheel rotations. *Attention, Perception, & Psychophysics*, *77*(3), 930-940.

Jerome, Barbe, Marion, Wolff, Regis, & Mollard. (2014). Ergonomic approaches to integrate touch screen in future aircraft cockpits. *Journal Europeen Des Systemes Automatises*.

Kim, H., & Song, H. (2014). Evaluation of the safety and usability of touch gestures in operating in-vehicle information systems with visual occlusion. *Applied Ergonomics*, *45*(3), 789-798.

Koltz, M. T., Roberts, Z. S., Sweet, J., Battiste, H., Cunningham, J., Battiste, V., Vu, K., & Strybel, T. Z. (2015). An investigation of the harbor pilot concept for single pilot operations. *Procedia Manufacturing*, *3*, 2937-2944.

Lachter, J., Battiste, V., Matessa, M., Dao, Q. V., Koteskey, R., & Johnson, W. W. (2014). Toward single pilot operations: The impact of the loss of non-verbal communication on the flight deck. *American Journal of Health Promotion*, *20*(20), 1-8.

Lachter, J., Battiste, V., Matessa, M., Dao, Q. V., Koteskey, R., & Johnson, W. W. (2014). Toward single pilot operations: The impact of the loss of non-verbal communication on the flight deck. Proceedings of The International Conference on Human-Computer Interaction in Aerospace.

Le Blaye, P., Roumes, C., Fornette, M. P., & Valot, C. (2002). Head Up Displays symbology (HUD): Prenormative study for DGAC/SFACT.

Lee, B. G., & Myung, R. (2013). Attitude indicator design and reference frame effects on unusual attitude recoveries. *The International Journal of Aviation Psychology*, *23*(1), 63-90.

Liu, Y. H., Lin, Y. D., Sun, Y. J., Yang, W. Q., & Xiong, F. (2014). Luminance Determination of CPA and PBAs in Aircraft Cockpits Based on Ergonomic Research. *602*, 791-794.

Lorite, S., Muñoz, A., Tornero, J., Ponsa, P., & Pastor, E. (2013). Supervisory control interface design for unmanned aerial vehicles through GEDIS-UAV. International Conference on Human-Computer Interaction in Aerospace.

Miles, W. R. (1953). Effectiveness of red light on dark adaptation. *JOSA*, *43*(6), 435-441.

Müller, S., Sadovitch, V., & Manzey, D. (2018). Attitude indicator design in primary flight display: Revisiting an old issue with current technology. *The International Journal of Aerospace Psychology*, *28*(1-2), 46-61.

Oppermann, R. (1994). *Adaptive user support: ergonomic design of manually and automatically adaptable software*. Boca Raton: CRC Press.

Parasuraman, R., & Manzey, D. H. (2010). Complacency and bias in human use of automation: An attentional integration. *Human Factors*, *52*(3), 381-410.

Parasuraman, R., Sheridan, T. B., & Wickens, C. D. (2000). A model for types and levels of human interaction with automation. *IEEE Transactions on systems, man, and cybernetics-Part A: Systems and Humans*, *30*(3), 286-297.

Parasuraman, R., & Wickens, C. D. (2008). Humans: Still vital after all these years of automation. *Human Factors*, *50*(3), 511-520.

Pauchet, S., Letondal, C., Vinot, J. L., Causse, M. l., Cousy, M., Becquet, V., & Crouzet, G. (2018). Gazeform: dynamic gaze-adaptive touch surface for eyes-free interaction in airliner cockpits. Proceedings of the 2018

Designing Interactive Systems Conference.

Ponsa, P., Amante, B., & Díaz, M. (2010). Ergonomic design applied in a sugar mill interface. *Latin American applied research*, *40*(1), 27-33.

Proctor, R. W., & Vu, K. P. L. (2006). *Stimulus-response compatibility principles: Data, theory, and application*. Boca Raton: CRC press.

Roscoe, S. N., Corl, L., & Jensen, R. S. (1981). Flight display dynamics revisited. *Human Factors*, *23*(3), 341-353.

Scerbo, M. (2007). Adaptive automation. In R. Parasuraman & M. Rizzo (Eds.). *Neuroergonomics: The brain at work* (Vol. 239-252). New York: Oxford University Press.

Sheridan, T. B. (2002). *Humans and automation: System design and research issues*. Human Factors and Ergonomics Society.

Shively, R. J., Lachter, J., Brandt, S. L., Matessa, M., & Johnson, W. W. (2017). Why Human-Autonomy Teaming? *Advances in Intelligent Systems and Computing*, *586*, 3-11.

Thomas, L. C., & Wickens, C. D. (2001). Visual displays and cognitive tunneling: frames of reference effects on spatial judgments and change detection. *Human Factors & Ergonomics Society Annual Meeting Proceedings*, *45*(4), 336-340.

Vinod, K., Yaduvir, S., Bajpai, P. P., & Harry, G. (2012). Study of attention capture aspects with respect to contrast ratio for wide background luminance range in head-up displays. *Lecture Notes in Engineering & Computer Science*.

Wiener, E. L., & Curry, R. E. (1980). Flight-deck automation: Promises and problems. *Ergonomics*, *23*(10), 995-1011.

Wolter, C. A., & Gore, B. F. (2015). *A validated task analysis of the single pilot operations concept*. National Aeronautics and Space Administration, Ames Research Center.

Yamaguchi, M., & Robert, W. P. (2010). Compatibility of motion information in two aircraft attitude displays for a tracking task. *American Journal of Psychology*, *123*(1), 81-92.

Yang, W., Gong, J., & Zhao, N. (2000). Application and Human Factors Study on AMLCD. 227-232.

Yesilbas, V., & Cotter, T. S. (2014). Structural Analysis of HFACS in Unmanned and Manned Air Vehicles. Proceedings of the International Annual Conference of the American Society for Engineering Management.

程岳, 李亚晖, 韩伟, 刘作龙, 余冠锋. (2020). 机载飞行视景系统技术研究. 航空计算技术, 50(1), 134-138.

董磊, 向晨阳, 赵长啸, 党香俊, & 史春蕾. (2021). 民机驾驶舱显示触控系统人机工效综合评价. 航空学报, 42(6), 624053.

蒋浩, 王泉川. (2019). 飞机姿态仪辨别绩效对航空安全的影响. 安全与环境学报, 19(2), 542-547.

李芳, 李全, 畅杰, 孙艳, 陆经纬, 吴振华. (2017). 直升机飞行员综合显示头盔优化技术设计研究. 医疗卫生装备, 38(3), 28-31.

祁圣君, 王婷, 王锋. (2013). 无人机地面站人机工效综合评价研究. 航空工程进展, 4(4), 474-480.

邵将. (2016). 基于视觉认知理论的头盔显示界面信息编码方法研究.

邵将, 薛澄岐, 王海燕, 汤文成, 周小舟, 陈默, 陈晓皎. (2015). 基于图标特征的头盔显示界面布局实验研究.

东南大学学报(自然科学版), 45(5), 865-870.

舒秀丽, 王黎静, 何雪丽, 董文俊. (2016). 民机驾驶舱中触摸屏设备应用的工效学探讨. 航空工程进展, 7(1), 112-119.

陶达, 袁娟, 刘双, 曲行达, 陈星宇. (2016). 触摸屏按键特征因素对键盘输入操作可用性的影响. 人类工效学, 22(5), 1-6.

王新野, 李苑, 常明, 游旭群. (2017). 自动化信任和依赖对航空安全的危害及其改进. 心理科学进展, 25(9), 1614-1622.

吴明磊. (2018). 飞行员使用综合显示/夜视头盔安全策略分析. 中华航空航天医学杂志, 29(1), 1-7.

徐玮瞳, 张颖, 董磊. (2021). 民机驾驶舱触控显示系统人机工效评估指标体系搭建研究. 航空电子技术, 52(2), 1-5.

杨筱, 江波. (2013). 基于航迹的运行: 未来航空运行模式新理念. 中国民用航空(4), 45-47.

余冠锋, 邹昌昊, 程岳. (2019). 面向增强合成视景系统的红外成像仿真研究. 航空计算技术, 49(6), 100-103.

张强. (2016). 头盔显示界面信息布局优化研究. 东南大学硕士学位论文.

张阳, 程先峰, 刘岩. (2020). 空中交通基于四维轨迹运行概念及其应用. 指挥信息系统与技术, 11(5), 5-10.

郑晓惠, 王颉. (2012). 无人机事故中人的因素. 中华航空航天医学杂志, 23(2), 144-150.

周焱. (2010). 无人机地面站发展综述. 航空电子技术, 41(1), 1-6.

第 **7** 章

飞行员的心理健康及 EAP

　　航空一直以来都是高技术、高风险行业，随着航空科技的高速发展，由于航空器自身缺陷或外界环境造成的飞行事故已大幅减少，人的因素导致的事故占整个飞行事故的 70%以上，其中绝大多数事故与飞行员心境状态不佳和心理问题有关。美国国家运输安全委员会（National Transportation Safety Board，NTSB）报告显示：在 1983—2003 年间，有 37起利用飞机自杀或企图自杀的个案，其中 38% 涉及飞行员精神问题（刘凡，2015）；在2003—2012 年间的 2758 起致命飞行事故中，8 起为飞行员利用飞机协助自杀，这 8 名飞行员中有 4 名酒精检测呈阳性，2 名 SSRI 抗抑郁药阳性（Lewiset al.，2015）。2015 年 3 月，德国之翼 9525 航班副驾驶安德里亚斯·卢比茨故意操纵飞机坠入山中，造成机上人员 150人遇难，事后调查发现卢比茨有精神障碍史，患有抑郁症（Wu et al.，2016）。数据和案例均反映出，飞行员的心理健康对保证飞行安全、确保飞行任务的圆满完成具有重要意义。

　　第三届国际心理卫生大会指出，"所谓心理健康，是指在身体、智能以及情感上与他人的心理健康不相矛盾的范围内，将个人心境发展成最佳状态"，"心理健康是指人们对于环境及相互间具有最高效率及快乐地适应的情况，不仅是要有效率，也不仅是要有满足感，或是愉快地接受生活的规范，而是要三者兼备（陈雪婷　等，2018）。心理健康的人能保持平静的情绪，拥有敏锐的智能、适应社会环境的行为和愉快的气质"（Edlin & Golanty，1988）。概括起来，心理健康包括两方面：一是能积极调节自己的心理状态，顺应环境；二是能有效地、富有建设性地发展和完善个人生活（晏碧华　等，2012）。航空从业者普遍承担着较大的职业压力，面临着一定的心理问题，或心理呈现亚健康状态。近些年来，关于飞行员心理健康的研究也成为航空领域和心理学界的热点课题。

7.1 我国飞行员的心理健康总体现状

飞行员心理健康的研究多采用量表测评、文献研究、横断历史研究和元分析等方法进行探讨。邓丽芳（2013）通过搜索2001—2010年间所有采用症状自评量表（SCL-90）研究我国飞行员心理健康的文献，用元分析和横断历史研究的方法探讨近10年我国飞行员的心理健康状况，结果发现：2000—2001年，飞行员SCL-90得分增加，2001—2009年，飞行员SCL-90得分数据呈现U形曲线，2005年得分最低，2009年得分最高；其中躯体化、抑郁、焦虑、恐怖4个因子与一般成人常模差异不显著，其余5因子（强迫症状、人际关系敏感、敌对、偏执及精神病性）均与常模差异显著，分数低于常模；民航飞行员SCL-90的各因子得分低于军航飞行员。

7.1.1 军航飞行员研究领域

王煜蕙等人（2000）自1990年以来，针对某飞行团44名飞行员的心理健康状况，采用飞行员心理健康量表、症状自评量表（SCL-90）及疾病状况调查表进行了长达10年的纵向追踪研究，结果发现，军航飞行员较强的情绪变化仅发生在焦虑、过度自我关心及紧张等与临床症状即时评价相关的个性特征部分，且不同个性类型易患病性不同。李敬强等人（2018）采用横断历史研究技术分析我国军航飞行员自1990年1月至2015年12月的心理健康状况随时间的变化趋势与特征，结果显示，我国军航飞行员的心理健康状况在1991—2004年间呈上升趋势，2004—2013年间呈下降趋势。军航飞行员的总体心理健康状况好于我国成人常模，主要表现在人际敏感、抑郁因子方面；且好于我国军人常模，主要表现在人际敏感因子方面。就军航飞行员具体细分来看，陆军飞行员的心理健康状况好于空军飞行员，主要表现在恐怖因子方面；空军飞行员的心理健康状况好于海军飞行员，主要表现在人际敏感、抑郁、焦虑、敌对、偏执5个因子方面。孙鹏等（2006）发现高性能战斗机飞行员的性格特点表现为强自信、情绪稳定、坚定、高敢为性、有意志、坚韧不拔等，其心理健康状态好于非高性能战斗机飞行员，另一项关于歼（强）击机飞行员症状自评量表（SCL-90）的评定分析报告也支持这一点（王娟娣 等,2010）。崔红等人（2004）对1956例军航飞行员合并样本进行元分析发现，飞行员组在症状自评量表（SCL-90）中除恐怖因子症状均值高于常模组外，其他各因子水平均低于常模组，心理健康状况优于一般人群。万憬、白海霞、杨柳等研究者（2015）采用症状自评量表（SCL-90），应用相关性分析验证了87组、518名军航飞行员团体沙盘作品的有效性，通过统计分析法解析团体沙盘作品中的各级编码数据特征，并揭示其心理健康状况，结果表明，518 名军航飞行员整体具有良好的心理健康状态，他们的内在能力充沛、团体协作意识强、交流顺畅；仅少部分表现出焦虑、紧张和无安全感等症状。上述各项研究综合揭示出，军航飞行员的心理健康状况总体较好，但存在一定的等级差异，部分因子代表的不良心理值得关注。

但对于军航飞行员的心理健康状况，也有学者的研究揭示了不同的结论。周扬等人（2018）整群随机抽取某大区 1154 名军航飞行员作为研究组，1847 名地勤人员作为对照组，采用军人心理疾病预测量表、军人心理承受力量表及军人情景特质应对方式量表评定研究组和对照组的心理健康状况、心理承受力状况及应对方式，分析数据后发现，军航飞行员心理疾病预测总分及精神病性、抑郁、躁狂、神经症、人格偏移因子分均显著高于地勤人员，其中心理疾病预测总分、神经症、人格偏移高于常模，显示军航飞行员的心理健康存在一定问题和风险。赛晓勇等人（2000）的研究发现，军航直升机飞行员精神症状因子得分高，显示出飞行员情绪不够稳定，高阳性回答率为入睡困难、易醒，精神健康的主要问题是情绪欠稳定。

7.1.2 民航飞行员研究领域

从近些年的研究来看，贺锦阳等人（2017）采用人口学特征调查表、症状自评量表（SCL-90）对某航空公司 168 名现役飞行员进行测评，结果显示，SCL-90 评定总分、总均分、各因子分均显著低于全国常模，表明民航飞行员的总体心理健康状况良好。其中机长和副驾驶的得分相比，各项评定值差异均无统计学意义；但飞行小时数 600~699 h 组人员在总分、总均分及强迫、人际关系敏感、恐怖、偏执因子方面的得分显著高于 500~599 h 组；不同年龄组间人际关系因子存在显著差异；未婚人员的各项因子分均低于已婚人员，其中抑郁、焦虑、恐怖因子存在显著差异，综上表明，民航飞行员的年龄、婚否、飞行时间对其心理健康存在一定影响。2021 年，研究者对这 168 名飞行员的心理健康状况进行了纵向追踪，结果显示，近 5 年该 168 名飞行员的躯体化因子、人际关系敏感因子、焦虑因子、精神病性因子均有显著差异，5 年间，这些飞行员的心理变化趋势有较好的稳定性，民航飞行员的总体心理健康状况良好（贺锦阳　等，2021）。

但也有学者的研究指出，民航飞行员的心理健康状况存在一定程度的问题，应引起足够重视。李静等人采用症状自评量表（SCL-90）、焦虑自评量表（SAS）对某航空公司现役飞行员和非特殊工种地勤人员进行测量，结果显示，民航现役飞行员的 SCL-90 得分比地勤人员略差，其中睡眠和饮食因子分差异显著；30 岁以下的飞行员焦虑因子得分显著

高于 30 岁以上的飞行员；副驾驶的 SAS 得分和 SCL-90 中敌对、偏执因子得分显著高于机长；飞行时间在 1000~3000 h 间的飞行员 SCL-90 总分、强迫、睡眠和饮食、躯体、抑郁、精神病性因子得分显著高于飞行时间 1000 h 以下和 3000 h 以上的飞行员（李静 等，2004）。王鹃（2020）通过便利抽样对某航空公司 187 名航线飞行员采用症状自评量表（SCL-90）进行调查，以总分超过 160 分作为存在心理问题的标准，有一定心理问题的飞行员占到 16.22%。民航飞行员 SCL-90 中阳性项目数、强迫因子得分显著高于全国常模，躯体化因子得分高于全国常模且差异非常显著，值得关注并采取一定的措施。

7.2 飞行员心理健康的定义和标准

目前，对于民航飞行员心理健康的定义和标准，国际上没有统一的界定。近年来，中国民用航空飞行学院开展了关于飞行员心理健康的研究，罗晓利、罗渝川等与某航空集团合作，共同完成了民航局课题"飞行员心理特征及行为引导方式研究"的相关工作。该项目在查阅大量文献的基础上，先后访谈了运输航空机长、管理干部、飞行员家属及航空心理学专家等 50 余人，构建出民航飞行员心理健康的定义、标准、测试指标及测试量表（罗晓利，2020），以下对此展开阐述。

7.2.1 民航飞行员心理健康的定义

民航飞行员作为高危、高压的特殊群体，在评估其心理健康与否时，首先应该考察其是否满足我国成人的心理健康标准，这是作为健康人最基本的要求；其次就其职业特殊性还应该考察是否满足飞行职业特点所要求的心理健康标准，两者是普遍性与特殊性的关系，缺一不可。

因此，可以给民航飞行员心理健康做如下定义：飞行员具有良好的心理调适能力和心理效能体验、内部协调与外部适应相统一的良好状态，即飞行员在机组、公司、家庭和社会环境中均能保持一种良好的心理效能状态，并在与不断变化的外界环境的相互作用中，不断调整自己的内部心理结构，基本心理活动的过程内容完整、协调一致，认知、情感、意志、行为、人格完整和协调，达到与环境的平稳与协调。

一个心理健康的民航飞行员，能够在有稳定情绪的基础上合理地表达与控制自己的情绪；在对自己的情况充分了解的基础上接纳自己，并能做出切合实际的目标与计划；能够与机组、公司其他同事、上下级、家人以及社会中的其他人保持正常且良好的社会关系，并能给予他人帮助，承担良好的家庭与社会功能，适应飞行环境，且对环境产生积极的影响；在充分考虑机组、航空公司以及社会规范的前提下，满足个人的需求并发挥自己的特长；热爱飞行职业，能从飞行职业中获得满足感，并愿意为将飞行工作做好而继续努力；个性倾向、心理过程和个性心理特征必须和谐而统一，没有矛盾与不协调的情况；具有良好的意志品质，愿意为了既定的目标而付出努力。

7.2.2　民航飞行员心理健康的标准

心理健康标准是对心理健康定义的具体化，是衡量心理健康状况程度的标准化定义。对于心理健康参考标准的划分，虽然国内外学者提出过许多见解，但也是众说纷纭，没有形成统一标准。据不完全统计，国内外可查到的心理健康标准有近 40 个之多，实际数量还远远不止这些，并且针对不同人群，"心理健康"的定义和"心理健康标准"的划分存在着较大差异。

通常制定心理健康的标准会遵循两种原则："精英原则"和"众数原则"。在遵循"精英原则"制定的心理健康标准中，A.H.Maslow 的研究对"精英原则"进行了佐证，他通过分析世界近代史上 38 位成功人士的人生历程，将"自我实现者"所共有的心理品质作为心理健康的标准。而"众数原则"则是以社会环境中绝大多数人共有的心理品质和特征作为心理健康的标准。

为了获得飞行员心理健康的各个维度/结构性指标和制定飞行员心理健康的具体标准，罗晓利团队通过对国内某航空公司 600 余名飞行员/机长教员、飞行干部、飞行教员、地面教员、政工干部、心理学工作者、飞行员家属进行调研、访谈和函询，在进行层次分析数据处理后得到了如表 7.1 所示的飞行员心理健康维度/结构性指标体系（罗晓利　等，2017）。

表 7.1　飞行员心理健康的维度/结构性指标

一级指标	重要度排序	二级指标	重要度排序	三级指标	重要度排序
理性判断与认知	1	自我认知与接纳	1		
		目标设定	2		
		经验学习	3		

续表

一级指标	重要度排序	二级指标	重要度排序	三级指标	重要度排序
意志品质	2	挫折容忍力	1		
		自觉性	2		
		自控力	3		
		果断性	4		
工作满意度	3	职业期望	1		
		社会地位	2		
		职业效能	3		
		经济价值	4		
飞行职业道德	4	严谨性／责任心	1		
		安全意识	2		
		组织纪律／章法观念	3		
适应能力	5	行为适应	1		
		自我适应	2		
		人际适应	3		
情绪	6	情绪稳定性	1		
		幸福感	2	愉悦	1
				满足	2
		情绪应对方式	3	解决问题	1
				求助	2
				倾诉	3
				压抑	4
		负面情绪	4	愤怒	1
				焦虑	2
				孤独	3
				哀伤	4

一级指标	重要度排序	二级指标	重要度排序	三级指标	重要度排序
个性	7	自信心	1		
		团队协作	2		
		坦诚性 / 开放性	3		
		乐群性	4		
		可塑性	5		
		成就动机	6		
		共情	7		

由此研究，并结合已有文献，提炼出了以下 7 项民航飞行员的心理健康标准。

（1）能够合理地表达与控制自己的情绪。

（2）具有良好的认知与学习能力。

（3）具有良好的适应能力。

（4）具有良好的飞行职业道德。

（5）有满足感的工作。

（6）具有完整而和谐的个性。

（7）具有良好的意志品质。

7.2.3 民航飞行员心理健康标准的测试指标

1. 能够合理地表达与控制自己的情绪

在日常生活工作中存在着各种因素，诱发飞行员的正向或负向情绪，积极正向的情绪通常可以提高飞行员的工作、生活质量，而消极负向的情绪则多会产生负面的影响，因此，合理地表达以及调控情绪的能力对飞行员来说相当重要。该条标准的具体维度、操作性定义和表现如表 7.2 所示。

1）情绪状态

情绪是人对客观事物的态度体验及相应的行为反应，是一种相当主观的体验，受身体状况、认知方式、情境等多种因素的影响。即使一个心理健康的飞行员，当面对不同应激源，或在不同情境中面对同一应激源时，出现完全不同的正向、负向情绪都相当正常。但若飞

表 7.2　能够合理地表达与控制自己的情绪

维　度　名	操作性定义	表　　现
情绪状态	飞行员情绪存在的性质、强度和持续时间等状态特征	幸福、满足、愉悦、欢乐、愤怒、恐惧、哀伤、焦虑、孤独、沮丧
情绪调控方式	飞行员情绪调节方向、方法和时机	倾诉、压抑、逃避、转移、评价、求助、遗忘、解决问题
情绪稳定性	飞行员应对工作应激与生活应激事件的能力	采用正确方法努力调控情绪，使自己的情绪保持稳定，不至于进入失控状态和巨大起伏状态

行员长期表现出消极负面情绪，则有可能是心理健康失衡的一个重要标志。民航飞行员中常见的情绪状态有：幸福、满足、愉悦、欢乐、愤怒、恐惧、哀伤、焦虑、孤独、沮丧。

2）情绪调控方式

一个心理健康的民航飞行员应该主动选取积极正向的调控方式来调节自己的情绪，以使自己保持一个良好的情绪状态。民航飞行员中常见的情绪调控方式有倾诉、压抑、逃避、转移、评价、求助、遗忘、解决问题。

3）情绪稳定性

情绪稳定性是指民航飞行员应对日常飞行与生活中的应激事件的能力。从民航飞行员的职业特点来看，一个情绪稳定的飞行员能够把自己的情绪控制到适合飞行的状态，而不是带着极端化的、消极负面的情绪去完成飞行任务。情绪稳定从某种程度上能够起到保障飞行安全的作用，也是民航飞行员心理选拔中相当重视的因素。同时，一个情绪稳定的飞行员在保持机组良好工作氛围以及良好交流方面也将起到积极的作用。

2. 具有良好的认知与学习能力

一个心理健康的飞行员应该认清自己的能力与局限、优势与劣势，不会过分高估或低估自己，能够接受完整的自我，不会出现同一性危机；能够在不同时期为自己拟定恰当的目标与计划，并能从同事与朋友的经验中进行总结与学习，以提高自己。该条标准的具体维度、操作性定义和表现如表 7.3 所示。

1）自我认识与接纳

就飞行员这一职业自身的特点而言，从机组资源管理的要求来看，对自己以及机组成员有清醒的认识非常重要；在清楚认识自己的基础上接纳自己，更是成人心理健康与否

表 7.3　具有良好的认知与学习能力

维 度 名	操作性定义	表 现
自我认识与接纳	清晰、完整地认识和接纳自己	没有出现分裂人格、排斥自我的现象
对自己的目标设定恰当	能够为自己拟定恰当的目标与计划	拟定的目标应该是通过适当的努力就能达到，不会出现过高或过低的目标，能够保持恰当的自我激励水平，不至于因达不到目标而沮丧
从经验中学习并不断调整自己	能从自己、同事与朋友的经验中进行总结与学习以提高自己	具有内省提炼、吸取别人经验的意识和能力，方法得当，与时俱进，有上进心

的一个重要参考指标。因此，自我认识清楚并能接纳当前的自己对飞行员来说也是非常必要的。

2）对自己的目标设定恰当

在给自己拟定目标时，应该是自己做出适当的努力就能达到，不会出现过高或过低的目标，以保障恰当的自我激励水平。

3）具有从经验中学习，并不断调整自己的能力

飞行这一职业本身即具有与时俱进的特征，需要飞行员不断总结，并不断更新自己的知识体系以适应机型的改进、安全的要求等变化。因此，能够从经验中学习对飞行员来说就非常必要。

3. 具有良好的适应能力

良好的适应能力是指飞行员能够根据客观环境的需要和变化，通过不断调整自己的心理、行为和身心功能，与周围环境保持协调的状态。该条标准的具体维度、操作性定义和表现如表 7.4 所示。

1）自我适应

自我适应是指飞行员对自己始终能保持积极的态度，在相对客观的基础上对自己充分肯定，满意自己现在的各种状态，对自己未来的发展充满信心。

2）人际适应

人际适应是指飞行员在工作中能够与机组成员、公司的其他同事、飞行活动相关岗位的其他人员建立良好的人际关系，相互关爱帮助，给予其必要的支持，可表现为亲社会倾向；在家庭中能够适应家庭的氛围，处理好与家人的关系，给予家人足够的关爱与支持。

表7.4 具有良好的适应能力

维 度 名	操作性定义	表 现
自我适应	表现出自我肯定，充满自信，满意现状，积极乐观的态度和行为	对自己始终能保持积极的态度，对自己充分肯定，满意自己的现状，对自己的发展充满信心
人际适应	具有适应工作关系、社会关系和家庭关系的意识、能力	工作中能与其他同事建立积极的人际关系，相互关爱帮助；在家庭中能适应家庭氛围与关系，给予家人关爱与支持
行为适应	能够适应规则约束和自觉遵守相关规则	在工作和社会生活中遵守相关规则，高效率地处事并取得相应成就的程度
环境适应	对飞行职业的特殊工作环境和工作方式的适应程度	能够适应驾驶舱的物理环境和人际环境以及工作强度与轮换班制度

3）行为适应

行为适应是指飞行员在工作和社会生活中能够遵守社会规则，高效率地行为处事并取得相应成就的程度，分为行事效率和违规行为。

4）环境适应

环境适应是指飞行员对飞行这一职业的特殊工作环境、工作方式和工作状态的适应程度。若不能很好地适应周围环境及其变化，则极有可能会影响飞行员工作的安全性与认同度。

4. 具有良好的飞行职业道德

中国民用航空局2011年1月印发的《民用航空运输机长职责》对飞行员提出了八项素质要求，即良好的职业道德品质、高度的负责精神、强烈的安全意识、牢固的章法观念、熟练的操作技能、精细的工作作风、严谨的组织纪律、健康的体魄。其中，负责精神、安全意识、章法观念、工作作风和组织纪律是构成飞行员良好职业道德品质的重要内容，该条标准的具体维度、操作性定义和表现如表7.5所示。

1）负责精神

负责精神首先体现在做好飞行员本职及所执行航班特殊职责范围内应该做好的事，如履行职责、尽到责任、完成任务等；其次如果因飞行员的个人原因没有做好本职工作，就应承担不利后果或强制性义务，如担负责任、承担后果等。

2）安全意识

飞行员头脑中应建立起"生产必须安全"的态度和观念。飞行员要树立安全意识，最

表7.5　具有良好的飞行职业道德

维 度 名	操作性定义	表 现
负责精神	履行职责的意识和行为以及效果	能够做好职责范围内的事情，不马虎、不推卸责任
安全意识	牢固树立安全第一的思想，并体现在行为中	时刻想到安全、思考安全，并有保障安全的行为措施，如设置安全底线等
章法观念	遵守飞行相关的法规和条例、规则的意识和行为	具有牢固的法规意识，并从行为上遵守相关法规和规则、条例
工作作风	工作中表现出来的比较稳定的态度和行为风格	有的人粗心，有的人细致；有的人自我要求严格，有的人懈怠；有的人务实，有的人务虚
组织纪律	处理机组成员之间以及组织与个体飞行员关系的规范	守时遵章，正确处理公司内部和外部单位人员（如管制员、机场人员）的关系，无突破职业规范的行为

主要的一点就是，要严格遵循安全规章和执行标准操作程序，让每一步操作精细到位，做到"有没有人管都一个样，有没有监控都一个样"。飞行员只有有了安全意识，才能决定其在工作中的行为，才能用良好的安全意识来掌控命运。

3）章法观念

飞行员在长期的飞行活动和航空运输生产实践当中应当形成对规章的综合认识。飞行员在实际飞行过程中，必须将其思维和行为限定在航空安全规章所划定的范围内。

4）工作作风

在工作时所表现出来的比较稳定的态度或行为风格。因为飞行具有不可逆性，而且处于高空、高速运动状态，飞行员在前一时间发生的飞行差错或遗留的隐患，在后一时段没有更多的精力和时间来纠正、弥补，所以，飞行中特别强调"第一手工作质量"。飞行员要将飞行中的每一个动作、每一个程序都分得非常细致，将每一个流程及其操作，都做到非常"严"，而不是非常"松"；做到非常"细"，而不是非常"粗"；做到非常"实"，而不是非常"虚"。

5）组织纪律

强化组织纪律的严谨性，是航空运输活动是一个系统工程。只有按章做事、协同办事，才能保证整个运行体系安全、可靠和高效。航空公司运行要符合运行规范，这是公司对行业管理者的书面承诺；而飞行员实施飞行生产则要遵循飞行手册，这是具体落实规章、

组织纪律性强的最好行为。现代航空运输企业必须强化"手册法人""手册公司""手册领导""手册员工"和"手册飞行员"。作为规章手册的遵循者和执行者，飞行员应该将规章手册的标准、程序、规则融入自己的飞行中和血液里。

5. 有满足感的工作

工作与职业对于飞行员的心理健康也是非常重要的。飞行员在工作中获得满足感与成就感，体现飞行员的存在价值，同时在工作中拓展人际关系，获得别人的认同与赞许，进而产生积极正向的情感。该条标准的具体维度、操作性定义和表现如表 7.6 所示。

表 7.6　有满足感的工作

维 度 名	操作性定义	表 现
职业期望	对当前职业的期许与愿望	认为飞行职业充满挑战与乐趣，愿意为该职业付出，职业生涯发展前途良好
职业经济价值	对职业经济价值的判断	认为飞行职业具有良好的经济价值与效益
职业社会地位	对职业社会地位的判断	认为飞行职业能够被他人所认同和尊重，对于社会的发展与安定具有较大的作用
职业效能感	对自己能否胜任当前职业的判断	心理健康的飞行员应该认为自己能够完全胜任飞行职业
职业物化环境	对物理环境是否适合工作的判断	对自己工作的环境具有积极正向的评价
职业工作方式	对工作方式是否适合工作的判断	对飞行员的工作方式持积极正面的评价

6. 具有完整而和谐的个性

个性完整而和谐的飞行员能够将需要、思想、目标、行动统一协调起来，做到思想言行一致，能够很好地胜任当前的工作任务，并承担良好的社会与家庭责任。该条标准的具体维度、操作性定义和表现如表 7.7 所示。

表 7.7　具有完整而和谐的个性

维 度 名	操作性定义	表 现
可靠性	严谨、诚实的行为风格	做事细致、严谨，对人、对事都能坦诚相待，不隐瞒事实
成就动机	对工作和事业的愿望、热情以及追求	近期目标与远期目标相结合，有适宜的职业生涯规划

维 度 名	操作性定义	表 现
攻击性	意识和言行上的对抗、侵犯	超越伦理、规范的攻击言行,给他人带来困扰和不适,难以与之相处
可塑性 / 冒险性	心理和行为上适应变化的能力	能够与不同性格和行为风格的人相处,能够适应环境的变化
自信心 / 挫折容忍力	对自己相信的程度和抗挫折与压力的能力	没有自卑心理,能够正确面对挫折和压力,并有积极的应对措施
团队协作意识	机组成员之间、空地之间的协作意识与适宜的协作行为	对机组的团队工作性质有充分的认识,有适宜的沟通、质询和劝告行为
乐群性 / 外倾性	乐于与他人相互交往,不喜欢独处	喜欢参加集体活动,有一定的人际交往
共情	体验他人内心世界的能力	能够换位思考和体验他人感受

(1)可靠性,即严谨性、开放性 / 诚实性。

(2)个人价值包括:成就动机、可塑性 / 冒险性、攻击性、自信心 / 挫折容忍力。

(3)机组协作包括:团队协作、控制欲 / 组织协调、乐群性 / 外倾性、共情性 / 乐群性。

7. 具有良好的意志品质

良好的意志品质对于飞行员这一职业尤其重要:具有明确的行动目标;能够合理地做出决策,并予以执行而不是优柔寡断;对自己的行为能够进行监控,以保证任务的顺利完成;克服困难,始终坚持,对于飞行员完成任务来说,都是非常重要的。该条标准的具体维度、操作性定义和表现如表 7.8 所示。

表 7.8 具有良好的意志品质

维 度 名	操作性定义	表 现
自觉性	对自己行动的目的和意义有明确认识,并能主动地支配和调节自己的行动,使之符合自己行动的目的	自觉性强的人既能独立自主按照客观规律支配和调节自己的行为,又能不屈从周围的压力和影响,坚定地去完成任务;与自觉性相反的意志品质是懒惰、盲从和独断
果断性	善于迅速地明辨是非,坚决地采取决定和执行决定,而不是优柔寡断	能够在深思熟虑的基础上及时做出决定,做出决定后能够立即付诸行动
自制 / 自控性	善于控制自己的行为,对自己的行为后果负责	能较好地抑制激动和愤怒、暴怒等激情的爆发,既不任性也不怯懦

维 度 名	操作性定义	表 现
坚韧性/坚持性	达成目标的坚定性和坚持性	在实现目标的过程中，既能坚持不懈地克服困难，也能在失败时适时改变或放弃原先的决定，并能重新做出调整

7.3 飞行员心理健康的影响因素

7.3.1 飞行事故对飞行员心理健康的影响

飞行事故是指在从起飞前开车至着陆后关车的飞行全过程中，飞机上发生的直接威胁安全操作或者造成人员伤亡、飞机损坏或失踪的事件。造成飞行事故的原因主要有恶劣的天气条件、飞机的机械故障、飞行员操作失误、地面指挥及勤务保障过失、飞鸟撞击飞机、暴力劫持飞机等。飞行事故已成为飞行员的重大负性生活事件，对事故经历者和幸存者来说，会构成巨大的心理影响，如出现焦虑、恐惧、抑郁、睡眠障碍等问题，甚至造成创伤后应激障碍（post traumatic stress disorder，PTSD），不利于飞行员的心理健康。

万憬等人（2013）采用症状自评量表（SCL-90）对重大飞行事故后的 141 名飞行员进行测评并与我国军人常模进行比较，发现飞行员组除躯体化、人际关系敏感和偏执因子外，其他各因子如强迫症状、抑郁、焦虑、敌对、恐怖、精神病性等得分均显著高于我国军人常模组，可见，事故对飞行员产生了相当程度的心理影响，应及时进行系统的心理危机干预，减小消极影响。

尉国勤等人（2014）采用症状自评量表（SCL-90），在飞行事故后 1 周内进行测评，与飞行员平时的 SCL-90 测评结果进行比较，发现：事故后的敌对因子分值显著高于平时，而总分和其他因子的分值差异并不显著；30 岁以下飞行员的恐怖因子分值升高，显著高于平时；30 岁以上飞行员的敌对因子分值显著高于平时；这些变化提示飞行事故的发生在一定程度上降低了飞行员的心理健康水平，年龄对飞行员的心理健康状况有不同程度的影响。

籍元婕等人（2016）的研究聚焦于飞行事故后，事故发生单位飞行员心理健康状况在时间维度上的变化规律。研究中采用症状自评量表（SCL-90）对飞行事故发生单位的 78 名飞行员，于事故发生后 3 天、15 天、2 个月以及 6 个月进行测量，结果表明，飞行事后，飞行员出现严重的急性心理应激反应，早期以躯体化为主，后期以焦虑、抑郁等负性情绪为主。

7.3.2　负性生活事件及创伤对飞行员心理健康的影响

负性生活事件即生活中遇到的不愉快事件。个体经历负性生活事件后容易出现失落、焦虑、抑郁等负面情绪。长时间的消极情绪体验使个体的主观幸福感评价会变得消极，心理健康状态变差。除飞行事故外，对飞行员来说，生活中还可能存在其他的负性事件及创伤经历，如家庭关系破碎、人际关系紧张、生活适应困难、亲人离世等，影响其工作绩效、飞行表现及心理健康水平。

单守勤等人（2009）的研究采用症状自评量表（SCL-90）对陆航某团抗震救援飞行员18人实施心理测评，探讨了重复创伤后救援飞行员疗养期间的心理健康状况，结果显示，重复创伤后的抗震救援飞行员的整体心理素质较高，但部分救援飞行员出现严重的创伤心理反应。受试者SCL-90结果显示，除躯体化因子外，其他各因子得分与我国军人常模相比，存在显著差异。因此，重复创伤事件会对部分救援飞行员产生严重的心理应激反应，心理干预对心理重建修复非常必要。

娄振山等人（2010）采用自我和谐量表、生活事件量表和症状自评量表（SCL-90）对428名空军飞行员开展了飞行员自我和谐、生活事件和心理健康三者之间的路径关系研究，结果显示，生活事件对心理健康带来的直接影响较为明显，飞行员的家庭负性生活事件，工作负性生活事件以及社交负性生活事件与症状自评各因子均具有高度显著相关，即证明生活事件是导致心理不健康的刺激源，从而出现心理压力甚至心理疾病。

白菁等人（2012）以创伤后应激障碍症状及心理健康自评问卷得分为因变量，以客观经历创伤事件总数、主观经历创伤事件总数和家庭功能评定为自变量，对342名空军飞行员进行问卷调查并进行多因素分析，提出空军飞行员能否正确处理创伤事件是其是否发展为创伤后应激障碍的重要因素，而经历创伤事件后的及时干预及提高空军飞行员的家庭功能水平及提升空军飞行员家属的心理健康素质，对促进空军飞行员的心理健康具有重要意义。

7.3.3　情绪问题及相关精神疾病对飞行员心理健康的影响

2019年的一项研究，采用回顾性研究方法，对2004年1月—2016年12月停飞的

760 例军航飞行员精神疾病谱及抑郁障碍临床特征进行了分析，结果显示，因精神疾病停飞的飞行员占比为 13.03%，其中位居首位的是抑郁障碍，占比为 66.67%，且停飞年龄均相对较小。越来越多的研究揭示，飞行员的情绪问题及相关精神疾病对心理健康水平会带来极大的影响（齐建林　等，2019）。

关于情绪问题及相关精神疾病对飞行员心理健康的影响，早在 1994 年，曹善云（1994）就总结出 1957—1988 年间飞行员精神障碍 11 例。此外，梁朝晖等人（2005）以某航空公司航线飞行员为研究对象，测评发现飞行员焦虑水平显著高于国内成人常模，副驾驶焦虑水平高于机长。崔丽等人（2006）对入院空军飞行员进行诊断发现，2001—2005 年间共 22 例抑郁状态病例。刘玉华等人（2006）的研究对 221 名飞行员以不同中队为单位集中进行焦虑敏感量表、症状自评量表（SCL-90）的测试，探讨飞行员焦虑敏感与心理健康之间的关系，结果表明：在飞行员焦虑敏感的因素中，对社会评价的恐惧得分最高；SCL-90 各因子与焦虑敏感 3 个因素之间呈显著正相关；心理异常者焦虑敏感的 3 个因素得分均高于心理健康者。因此，可以得出结论，焦虑敏感受多种因素影响并能很好预测个体心理健康水平。张莹（2009）以飞行学生为研究对象，以同校男性理工科学生为对照组，测评发现，抑郁检出率低于对照组。邵峰等（2012）对 2010—2011 年间 100 名入院疗养空军进行测评，发现飞行员的特质焦虑与社会支持、特质积极应对呈显著负相关，与特质消极应对呈显著正相关。王娜等人（2015）在某航空公司空勤人员的年度体检时，采用焦虑自评量表（SAS）和抑郁自评量表（self rating depression scale，SDS）对 410 名飞行员进行调查，评价其心理健康水平，结果显示，飞行员的整体心理健康水平良好；不同性别、不同学历的飞行员相比较，其焦虑、抑郁情绪无显著性差异；不同年龄、不同婚姻状况、不同技术等级、不同飞行时间的飞行员相比较，其焦虑、抑郁情绪有显著性差异。

7.3.4　人格特点与行为模式对飞行员心理健康的影响

人格，是构成一个人思想、情感及行为的特有模式，这个独特的模式包含了一个人区别于他人的稳定而统一的心理品质，决定着个体对现实问题做出反应的行为模式。国内外大量研究表明，人格差异会带来心理健康水平上的不同。就大五人格来看（见图 7.1），心理健康水平与外向、宜人、开放、尽职 4 个维度呈现正相关，而与神经质水平维度呈现负相关，也就是说，神经质较高的人群会更容易出现相关心理症状。

我国从 20 世纪 80 年代开始针对飞行员人格进行研究，结果发现，我国民航飞行员较常模更具外向性，情绪更稳定、低神经质、低精神质，属于外向稳定型。同时，飞行员性

開放性　　　　　尽职性

神经质　　　大五
人格模型　　　外向性

宜人性

图 7.1　大五人格模型

格外向可以减轻紧张、焦虑，且低精神质、低神经质会致使其心理症状各因子的低水平，使心理健康状态良好。

从近 10 年的研究来看，高扬等人（2011）选用卡特尔 16 种人格因素问卷（16PF）和症状自评量表（SCL-90）对飞行员进行综合测试，分析其稳定的个性特征和近期的心理健康状况，结果显示，飞行员近期的心理健康状况会因个人情绪、环境及工作影响而随时发生变化，但其稳定的人格特征带来的影响更深。16PF 中的受稳定性、兴奋性、忧虑性、紧张性影响的心理健康状况，表现出被测飞行员长期保持稳定、健康心理状态的调节能力，进而了解其操作倾向性，对飞行员的心理选拔和训练具有实际的指导意义。

戴琨（2012）采用自编的航线飞行员人格量表和症状自评量表（SCL-90）对某航空公司的 286 名男性飞行员进行心理测量研究，结果显示，总体健康水平和航线飞行特质人格的相关系数显著高于和航线飞行工作情境人格的相关系数，即虽然航线飞行特质人格和工作情境人格均能单独对心理健康产生直接的影响，但航线飞行特质人格显示了更强的预测作用。此外，在具体关系上，航线飞行特质人格还可通过影响航线飞行工作情境人格进而影响心理健康，即航线飞行工作情境人格在航线飞行特质人格对心理健康的影响中发挥着部分中介作用。

马冬梅等人（2015）采用症状自评量表（SCL-90）和艾森克人格问卷（EPQ）对 118 名高性能战斗机飞行员进行测试，结果显示，EPQ 测试中的情绪性分量表和心理变态分

量表得分明显低于我国军人常模，内外倾向分量表得分明显高于我国军人常模。同时，内外向维度与 SCL-90 的强迫、人际关系敏感、抑郁、焦虑、敌对、偏执、精神病性、其他及总分呈弱的负相关。精神质维度与 SCL-90 中的各指标均呈弱的正相关。神经质维度与 SCL-90 各指标均呈中度以上正相关。结果说明，高性能战斗机飞行员心理健康状况普遍良好，个性外向、稳定，但也存在影响因素，应在日常的心理保健与飞行员选拔中引起高度重视。

7.4 飞行员 EAP 的实施与效果

员工帮助计划（employee assistance program，EAP）是组织提供给员工的一套系统、长期的福利项目，组织聘请专业心理学人员对员工和其直系亲属提供专业咨询、指导和培训，给组织提供专业性的建议，解决员工及其亲属的心理问题，帮助组织和员工改善工作环境和工作氛围，提高员工在组织中的工作绩效。EAP 最初起源于 19 世纪中期，员工酗酒导致生产效率大大降低，企业利用 EAP 帮助员工解决酗酒的问题。此后，EAP 在西方快速发展，项目的范围也扩大到吸毒、滥用药物等会影响员工工作表现和工作效率的各个方面，服务的对象也扩展到了员工家属。目前，美国有 3/4 以上的企业员工常年享受着 EAP 服务。据美国联合航空公司统计，在 EAP 上投入 1 美元能够得到 16.95 美元的回报。

20 世纪 80 年代初，最初的 EAP 被引入到一些国外航空公司，但没有形成一个标准的或系统的危机管理。有飞行员需要心理上的帮助，无论什么原因，都会被认定情绪不稳定，在一些情况下，美国联邦航空管理局（FAA）会强行要求有情绪问题的飞行员停飞，因此，有情绪障碍的雇员会比较消极。由于航空业是一个动态的行业，员工在不断变化的环境下工作，应对这些变化通常比较难，而 EAP 能帮助员工寻找积极应对变化的方法，解决包括健康、婚姻、家庭、财政、酒精、毒品、法律、情绪等个人问题（见图 7.2），因此 EAP 在国外民航业得到逐渐发展与应用。自 1988 年以来，FAA 章程要求每一个航空雇主必须在企业中建立 EAP，并且 EAP 至少应包括对物质滥用的评价与专业转介的介绍。大部分公司在执行 EAP 时，不仅满足了 FAA 提出的基本要求，这些 EAP 的实施在实际上也带给公司很大的投资回报。英国航空公司在 20 世纪 80 年代初由最初的聘用 EAP 咨询师解决酒精成瘾问题，慢慢涉及毒品，并建立了一套独立的评价系统，最终在 1990 年 4 月形成了 EAP 的正式公文，逐渐地，EAP 有了长足的发展和广泛的应用，已成为解决组织中员工心理健康及行为问题的有效模式（孟祥兰　等，2016）。

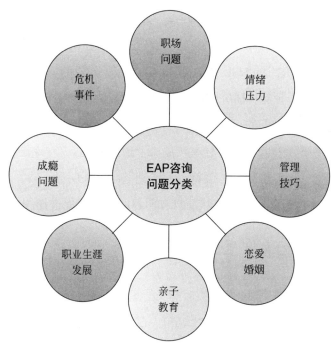

图 7.2 EAP 咨询问题分类

EAP 在我国的发展十分迅速，但大部分集中在银行、通信、石油、制造业等。民航业对安全有着特殊的要求，飞行员作为高压人群，亟须 EAP 的援助。目前，在现有研究中，学者和航空公司已开始有针对性地实施飞行员 EAP 的相关工作，EAP 的服务项目十分广泛，一般来说，包括员工心理健康评估、职业心理健康宣传推广、工作环境设计与改善、员工和管理者培训、心理危机干预、专家心理咨询等形式（罗晓利　等，2014）。

7.4.1　事故后的心理干预

兰玮等人（2016）的研究采用焦虑自评量表（SAS）和抑郁自评量表（SDS）对 5 名飞行事故后的飞行员进行心理评估后，再进行个体化专业心理干预，比较心理干预前后 SAS 和 SDS 的评分变化，数据显示：5 名飞行事故后的飞行员在心理干预前，有 2 例表现出轻度焦虑，3 例表现出中度焦虑，4 例表现出轻度抑郁，1 例表现出中度抑郁；在心理干预后，SAS 及 SDS 评分均显著下降，仅有 1 例还存在轻度焦虑，无抑郁。可见，心理干预可以有效改善飞行事故后飞行员的焦虑和抑郁状态。对于发生飞行事故后的飞行员，应及时给予心理干预，即实施恰当的 EAP 措施，切实保证他们的心理健康。

王真真等人（2017）于飞行事故发生后 3 天内，采用症状自评量表（SCL-90）对事故

发生单位的 54 名飞行员（研究组）进行调查，并开展为期半年的危机干预，再于事故后 6 个月进行 SCL-90 测评，与对照组的 56 名飞行员进行对比研究，结果表明：飞行事故后 3 天，在危机干预前，研究组的 SCL-90 总分和 10 个因子分值的均值较对照组均显著增高；在事故后 6 个月，危机干预后，研究组的 SCL-90 总分和 10 个因子分值与干预前相比显著降低，因子分值超过 2 分以上的百分率较危机干预前显著下降，除躯体化和抑郁因子分值外，其他因子分值超过 3 分以上的百分率较危机干预前显著下降；精神病性因子分值较对照组显著降低。可见，飞行事故后，飞行员的心理健康水平明显下降，但及时恰当的危机干预及 EAP 措施对飞行员的心理健康状况具有明显的改善和促进作用。

7.4.2 团体辅导 / 心理训练

王煜蕙等人（2010）曾对 34 例事故后的飞行员进行团体心理辅导，并抽取 37 名飞行员作为对照组，采用症状自评量表（SCL-90）、心理辅导效果评估表对事故后的飞行员团体心理辅导效果进行评估，发现团体辅导后的飞行员 SCL-90 各因子分降低差异有显著的统计学意义，其中，躯体化、人际敏感、抑郁、焦虑下降幅度较大。团体辅导结束后 2 年进行追踪调查，结果显示，团体心理辅导能有效地改善事故后的心理健康状况，且具有较好的远期干预效果。

杨柳等人（2014）以 2008—2012 年间的 110 名现役高性能战机飞行员为研究对象，其中 60 人作为干预组接受 5 个单元的团体心理训练，对照组 50 人进行普通的放松训练，训练前后采用症状自评量表（SCL-90）、应付方式问卷、缺陷感量表（FIS）以及团体成员主观评估表，分别对两组飞行员进行施测，数据显示：与对照组及自身训练前相比，干预组飞行员 SCL-90 的躯体化、强迫、人际关系敏感、抑郁、焦虑、恐怖、总均分和阳性项目数得分显著降低；与对照组及自身训练前相比，干预组飞行员的解决问题、求助等成熟应付方式得分显著增加，自责、幻想、退避等不成熟应付方式得分则显著降低；与对照组及自身训练前相比，干预组飞行员缺陷感量表的自尊、社交能力、学习能力、体能和总分值都显著增加；与自身训练前相比，干预组飞行员的 10 个自我评估项目均发生显著正向变化。由此证明，团体心理训练可以有效提升高性能战机飞行员的心理健康水平，也可以作为 EAP 中的一种有效的心理训练方式。

7.4.3　展望

按照员工帮助计划（EAP）的理论与技术流程设计的项目推介、需求意向调查、系列心理健康报告、心理测验、主题心理工作坊、心理咨询、联谊活动，是一个相对成熟且行之有效的工作方案，已有研究也充分论证了 EAP 对飞行员心理健康水平的提升有良好作用，但在具体项目运行过程中，仍会面临一定的挑战甚至质疑。因此，有研究者提出，将虚拟现实技术（VR 技术）应用于民航飞行员 EAP 项目的构想，并对其可行性予以论证（李晨麟，游旭群，2016），这样的探索性研究发现，VR 技术的使用能够提升 EAP 项目的关注度、接纳度和参与度，充分的情境浸入能够突破屏障，在短时间内建立信任的工作关系，促使参与者的行为更加积极并赋予建设性，同时还能突破项目实施时间和空间的瓶颈，保证其灵活性，值得深入研究。此外，相较于传统的 EAP 方案，还应深度融合其他学科，利用先进的技术和思想，使其更加完善和丰富。

参考文献

Edlin G, Golanty E.(1988).Health and wellness. MA: Jones and Bartlett Publishers.

Lewis, R. J., Forster, E. M., Whinnery, J. E., & Webster, N. L. (2015). Aircraft-assisted pilot suicides in the United States, 2003-2012. *Journal of Depression & Anxiety*, *4*(2), 149-161(13).

Wu, A. C., Donnelly-Mclay, D., Weisskopf, M. G., Mcneely, E., Betancourt, T. S., & Allen, J. G. (2016). Airplane pilot mental health and suicidal thoughts: a cross-sectional descriptive study via anonymous web-based survey. *Environmental Health*, *15*(1), 121.

白菁, 汪永光, 胡珊, 李娜, 马香琰, 邹惠娟. (2012). 创伤事件及家庭功能对空军飞行员心理健康的影响. 解放军护理杂志, 29(19), 13-15+19.

曹善云. (1994). 民航飞行员精神病 11 例. 航空军医, 22(3), 177.

陈雪婷, 郑丽, 王晋. (2018).国内飞行员心理健康研究综述. 民航学报(2), 40-43.

崔红, 王登峰, 万梅, 李雪冰, 李原, 张恒. (2004). 军航飞行员症状自评量表评定及其元分析. 中国临床康复, 8(27), 5937-5939.

崔丽, 徐先荣, 刘福麟, 郑军, 张素红. (2006).飞行员抑郁状态诊断的临床分析. 中华航空航天医学杂志, 17(2), 148-149.

戴琨. (2012). 航线飞行特质人格和航线飞行工作情境人格对飞行员心理健康的影响. 实用预防医学(10), 1456-1459.

单守勤, 楚燕萍, 周锡芳. (2009). 重复创伤后抗震救援飞行员心理健康状况. 解放军护理杂志, 26(13), 37-38.

邓丽芳. (2013). 近10年来中国飞行员心理健康状况的元分析. 心理科学, 36(1), 228-233.

高扬, 李华明, 王雅萱. (2011). 基于16PF的民航飞行员人格特征及心理健康研究. 中国安全科学学报(4),

13-19.

贺锦阳, 王晓莉, 汪庆. (2021). 民航飞行员心理健康状况纵向研究. 民航医学, 31(4), 202-205.

贺锦阳, 王晓莉, 王勇. (2017). 168名民航飞行员心理健康状况分析. 民航医学, 27(5), 201-205.

籍元婕, 王真真, 杨璇, 丁巍, 葛庆波. (2016). 事故后飞行员心理健康状况动态研究. 心理科学, 39(6), 1514-1518.

兰玮, 何文秀, 仇晓峰, 田卫卫, 张俊琦. (2016). 对5名飞行事故后飞行员的心理干预. 西南国防医药, 26 (1), 67-69.

李晨麟, & 游旭群. (2016). 虚拟现实技术应用于民航飞行员EAP项目的前瞻研究. 心理学进展, 6(10), 5.

李静, 凌莉, 梁朝辉, 杨仕云, 肖毅. (2004). 民航飞行员心理健康状况的调查分析. 热带医学杂志, 4(4), 421-424.

李敬强, 王蓓, 李康, 赵宁. (2018). 中国军航飞行员心理健康状况的横断历史研究. 中国卫生统计, 35 (2), 289-291+294.

梁朝晖, 王艳冰, 李静, 禹玉兰. (2005). 民航飞行员焦虑状况及其相关影响因素. 国际医药卫生导报, 11(4), 20-22.

刘凡. (2015). 驾驶舱暴力犯罪浅析——以德国之翼(Germanwings)航空公司4U9525航班空难为例. 上海市科学技术协会学术年会暨上海市航空学会学术年会. 上海市航空学会.

刘玉华, 冯正直, 汪涛, 金鑫, 胡晓敏, 王米佳. (2006). 飞行员焦虑敏感与心理健康的关系. 中国行为医学科学, 15(12), 1097-1099.

娄振山, 朱超, 佟洋, 胡卉栋. (2010). 飞行员自我和谐、生活事件和心理健康的路径分析. 中华行为医学与脑科学杂志, 19(2), 168-170.

罗晓利, 孟斌, 王泉川. (2014). 民航飞行员压力源分析及EAP对策研究. 中国民用航空, (3), 64-65.

罗晓利, 孟豫. (2017). 飞行中人的因素. 成都: 西南交通大学出版社.

罗晓利. (2020). 民航飞行学员心理健康自主手册. 成都: 西南交通大学出版社.

马冬梅, 栾海, 徐乐乐, 刘平. (2015). 高性能战斗机飞行员心理健康状况及人格特征的调查分析. 华南国防医学杂志(7), 537-539.

孟祥兰, 刘淑丽. (2016). 民航飞行员心理健康状况分析与EAP应用. 民航医学, 26(5), 210-213.

齐建林, 于东睿, 刘佳佳, 王进. (2019). 2004—2016年度停飞飞行员抑郁障碍临床分析及航空医学鉴定. 空军医学杂志, 35(6), 467-469.

赛晓勇, 唐永昌, 张建国, 李红, 吕彦平. (2000). 122名直升机飞行员精神健康状态测评. 中华航空航天医学杂志, 11(4).

邵峰, 娄振山, 刘传勇. (2012). 飞行员特质焦虑与心理健康的路径分析. 中国健康心理学杂志, 20(3), 369-372.

孙鹏, 宋华森, 苗丹民, 刘军. (2006). 高性能战斗机飞行员心理健康状况及个性特点分析. 第四军医大学学报, 27(4), 373+375.

万憬, 白海霞, 杨柳, 徐铂, 杨蕾, 潘玉焕. (2015). 518名军航飞行员团体沙盘特征及心理健康研究. 中华行为医学与脑科学杂志, 24 (12), 1130-1134.

万憬, 杨蕾, 武国城, 郭小朝, 邓学谦. (2013). 重大飞行事故后官兵心理健康状况分析. 中国健康心理学杂志,

21(3), 360-361.

王娟娣, 郑真, 李玉刚, 江立红, 周斌. (2010). 歼(强)击机飞行员SCL-90症状评定分析. 华南国防医学杂志, 24(4), 289-291.

王鹃. (2020). 对某航空公司飞行员心理健康状况调查分析. 心理月刊, 7 (15), 29-30.

王娜, 王蓓, 穆喜兰. (2015). 某航空公司飞行员焦虑与抑郁症状的调查分析. 民航医学, 25(1), 10-13.

王煜蕙, 李凯, 张志林. (2000). 某飞行团队员心理健康状况追踪10年的纵向研究. 中国医师杂志, 2(1), 26-28.

王煜蕙, 李凯, 赵春华. (2010). 事故后飞行员团体心理辅导的效果研究. 临床军医杂志, 38 (3), 425-427.

王真真, 逯向娜, 何炳接, 丁巍, 尉国勤, 张腊喜, 李权超. (2017). 危机干预对飞行事故后飞行员心理健康状况的影响. 华南国防医学杂志, 31(3), 185-188.

尉国勤, 沈春红, 时新, 马伟伟. (2014). 空军某部飞行事故后飞行员心理健康状况调查. 空军医学杂志, (3), 136-138.

晏碧华, 杨仕云, 游旭群. (2012). 飞行员心理健康现状、影响因素及保健措施. 中国民航飞行学院学报, (1), 5-10.

杨柳, 金峰, 彭文华, 江涛, 刘娟, 徐珀, 宋华桦. (2014). 团体心理训练在高性能战机飞行员心理健康维护中的应用. 中国健康心理学杂志, 22(4), 574-578.

张莹. (2009). 飞行学员抑郁状态调查及艾森克个性问卷分析. 实用预防医学, 16(2), 378-379.

周扬, 何明骏, 朱晓丽, 张理义. (2018). 飞行员的心理健康与心理承受力及应对方式的研究. 中华保健医学杂志, 20(5), 399-402.

后记

我国的民航事业快速发展。2020 年中国民航行业发展统计公报显示，在运输航空方面，2020 年全行业拥有运输飞机 3903 架，境内运输机场 241 个，定期航班航线 5581 条，全年完成运输总周转量 798.51 亿吨公里，旅客周转量 6311.28 亿人公里，旅客运输量 41777.82 万人次，运输航空公司完成运输飞行小时 876.22 万小时，运输起飞架次 371.09 万架次。在通用航空方面，2020 年在册航空器总数达 2892 架，在册管理的通用机场 339 个，全行业完成通用航空生产飞行 98.40 万小时。

航空业是安全与效益并重的行业。在我国民航业快速发展的势头下，长期保持安全、平稳、可控的运行是一项重点工作。中国民航在航空安全方面一直提出高标准要求。数据显示，2020 年，中国运输航空百万架次重大事故率 10 年滚动值为 0，亿客公里死亡人数十年滚动值也为 0。自 2010 年 8 月 25 日至 2020 年年底，我国运输航空连续安全飞行 "120+4" 个月，累计安全飞行 8943 万小时。

能实现这样的安全运行水平着实不易。航空业的安全水平也并非一直这样好。从历史发展进程来看，在 20 世纪 60 年代初，全球商业航线运输的致命事故率还保持在约 10 次 / 百万架次的高位。要知道，彼时的全球商业航线运输量远远不能与现在相比。当前，全球每年大约有 3600 万次航班，而致命事故率不足 0.5 次 / 百万架次。事故率大幅下降的一个关键因素在于航空科学技术的进步。例如，从模拟电子设备到数字技术的引入，再到自动驾驶技术和玻璃驾驶舱的使用，结合改进的导航性能以及地形指示和警告系统，极大地减少了可控飞行撞地（controlled flight into terrain，CFIT）事故。再如，电传操纵技术和飞行包线保护功能，有助于防止空中失控事故（LOC-I）的发生。

上述航空科技进步确实带来了事故率的显著下降。然而，面临全球航空发展的势头，要持续保持较高安全水平仍有不小的挑战。历史数据表明，自 20 世纪 80 年代以来，空中交通流量每 15 年翻一倍；空客全球市场预测也表明，未来 20 年的空中交通流量还将再翻一倍。诚然，未来 20 年必然会有航空新技术继续为航空安全做出贡献，但我们还需要重视另一个为航空安全做出巨大贡献的因素，那就是人的因素（human factors），简称人因。

目前，由人的因素所致的飞行事故，占到全部飞行事故的 70% 以上。这里所指的"人"，包括与航空运行服务有关的所有人员，如飞行员、管制员、机务、乘务员、签派等。诚然，这些航空专业人员已经具备了充足的理论知识、熟练的操作技能与优良的综合素质，但人因事故高占比的事实清晰地表明，想要进一步降低事故率，就必须在理论方面加强对"人"的特性的深入研究与理解，在此基础上，构建一系列针对人的特性的应对措施。

关于人的特性，从大体上讲，包括人的优势与弱点等基本知识，自古以来便是无数哲人学者所关注的焦点。古希腊阿波罗神庙上就镌刻着"认识你自己"的箴言。可见，认识人类自身，是一件令人向往又充满挑战的事情。数千年来，研究人类心理都是以纯粹思辨的方式，这导致很多结论模糊不清，众说纷纭。直到 1879 年，人类行为和心理活动才开始用类似物理学的科学实证研究方法加以探索，脱离了纯粹思辨，标志着科学心理学的诞生。从此，心理学这样一门以假设提出与检验、数据分析与量化为主要特征的学科，便走上了基于实验数据的理论构建之路，并在众多领域发挥其作用。

广义地说，凡是跟人相关的领域，就可以运用心理学的基本原理来研究和解决问题。既已述及当前航空事故人因占比高的问题，那么，将心理学的知识应用于航空领域，二者结合成为航空心理学，便是一条十分贴切的解决路径。当然，现在我们持有这种观点显得十分自然，但在 20 世纪上半叶，航空心理学并没有引起航空领域研究者的足够重视。随着人因问题的日益突出，才使得航空心理学的重要性越发稳固。

近几十年来，航空心理学的理论和应用研究为我们提供了大量关于人的特性的知识。下面我们对此做个简要的梳理。

第一，借助计算机隐喻，认知心理学流派，深入探讨人的信息加工过程和机制。简而言之，人在与周围环境相互作用的过程中，存在信息感知、记忆、思维、决策、行动等一系列信息加工过程，这些过程又会受到注意资源、情绪状态、意志品质、人格特质等的调控。在每个加工阶段，都会呈现出各种局限性。例如，各个感受器官有其阈限，人的知觉带有主观性，短时记忆容量有（7±2）个组块的限制，注意资源也是有限的，人容易受到情绪波动的影响……只有在充分理解人的上述种种特性之后，才能更清晰地知道飞行员驾驶飞机到底是一个怎样的信息加工过程，在每个环节会出现哪些问题，从而尽量避免。如何避免呢？一方面，把好入口关。通过心理选拔，挑选更适合的候选者进入飞行培养环节。

这里的心理选拔主要包括心理品质和心理健康两方面。心理品质的选拔要求找出具备飞行心理能力（如空间定向能力、多任务操作能力等）的候选者；心理健康的选拔要求筛选出心理健康水平较高的候选者，至少需排除具有抑郁等不良心理状态的候选者。当然，心理健康水平是动态变化的，在培养过程及职业生涯中，也应当持续跟踪飞行员的心理健康水平，及时对不良心理状态采取诸如员工帮助计划（EAP）等在内的一系列干预措施，方可避免 2015 年德国之翼航空公司飞行员蓄意坠机之类的惨案。另一方面，加强针对性训练。训练是为了提升能力。一个合格的飞行员应当具备何种能力？一名优秀的飞行员又应当具备何种能力？专家级飞行员和初始飞行员的能力差异在哪里？这些问题事关飞行训练，引发了很多学者和从业者的思考。近年来，中国民航局对此有了自己的回答。2019 年，中国民航局发布了《关于全面深化运输航空公司飞行训练改革的指导意见》，提出建立运输航空公司飞行员技能全生命周期管理体系。随后，飞标司起草了该体系建设的实施路线图。其中，以核心胜任力和职业适应性心理评估的证据输入为基础，持续提升飞行员防范"灰犀牛"和"黑天鹅"的能力。

第二，飞行环境具有低温、低压、低氧、低湿度、高辐射、定向方式改变等特点，人的信息加工过程在这种特殊环境下会发生什么变化需要深入研究。总体而言，高空环境可能使飞行员产生缺氧、减压病、胃肠胀气、耳塞、急性应激、空间定向障碍等生理、心理问题，研究这些问题的产生机制及其应对措施具有重要意义，特别是对高高原环境更是如此。我国拥有世界上最多的高高原机场。目前，高高原航空医学在国内属于空白行业，高高原航空医学研究中心将探索高高原环境对航空人员的生理、心理、行为等的影响，致力于解决航空人员在高高原环境的适应性。在研究方法上，除传统的问卷量表、行为实验以外，越来越多的电生理和生化研究方法运用到了民航心理学中，如心率、皮肤电、脑电、磁共振成像、近红外成像、电（磁）刺激等，甚至有的研究已经深入到了分子和基因层面。在研究对象上，从考察外在行为，越来越转移到对大脑的内在高级神经机制的探索。这些新技术和新的研究对象，将获取更为精细、定量的结果，对因果机制的解释也可深入到更基本的层面。

第三，航空心理学的研究成果有助于改善人机工效，优化人机交互，实现更安全高效的人机协作。科技的进步造就了更先进的机器，为人类的生活、工作增添了很多便利。但无论未来的机器如何进步，有一个浅显的道理需牢记于心：机器总是应当为人服务的。这句看似平实的话在遥远的过去并没有深入人心，导致很多使用者成了机器的奴隶。这样的例子不胜枚举。例如，老年人初次面对个人电脑和智能手机时，往往不知所措，甚至恼羞成怒，使用起来没有良好的体验，却又不得不用。因此，为了让机器能够服务于人，在产品设计时应当坚持以用户为中心，只有充分考虑人的特性，才能让人使用时达到目的、提升效率、满意度高。民航行业的机器也十分复杂，充满了科技含量，只有充分考虑使用者的特性，才能提升使用安全性，才能有利于提升训练效果和效率。因机器的设计不当诱发的事故案例也不少。近年来，发生了几起 737-MAX 8 客机坠毁事故，其原因与机动特性增强系统（maneuvering characteristics augmentation system，MCAS）响应了错误的迎角传感器读数有关，导致飞机重复自动向下俯冲。在这些事故中，飞行员成了飞机的奴隶，人机协作变成了人机对抗。当前，我国正在自主研发国产大飞机。未来，各种新型人机交互手段也将逐渐引入航空系统。航空心理学的相关研究必将有利于当前和未来的机器研发。

至此，我们谈及了航空心理学所涉及的很多领域，如信息加工、心理选拔、心理健康、航空生理、注意与告警、空间定向与障碍、人机交互等。这些内容在本书中都进行了阐述。总体而言，本书力图展现一幅航空心理学的立体图景，旨在加深航空业内人士对航空人因的认识和理解。

当前，我国民航强国建设正在持续推进，希望本书能为促进航空安全、推动民航高质量发展贡献一份力量。